乙
Balancing
间

平　衡　你　自　己

黄剑波 著

穿行，
在一个
残缺的世界

SPM 南方传媒　广东人民出版社
·广州·

目录

前言　世界可以无趣，我可否（拒绝）无望？[1]

按照现代标准化的时间来说，2019年，如同任何一年，平淡无奇。除了一些看起来热闹的事件，甚至可以说有那么一点儿无聊。

那些看上去备受瞩目的纷纷攘攘，还有不少高大上的理想和口号，到头来所残留的不过是人们茶余饭后的谈资。起高楼者，离坍塌不过片刻之久。世界似乎越来越扁平，越来越无趣。正如古希伯来人所说，虚空的虚空，一切都是虚空，不过都是捕风。

还好，我们大约还保留了一些纪念碑式的时间观念，总会标记一些特定的时刻，来帮助我们记住某些特定的人与

事。当然,这也意味着,我们主动或被动地忘记了另外一些人与事。在这个意义上,历史非常无情和冷漠,记忆显得非常脆弱和微小。

虽然忘掉了很多,但在时间的线轴上还是留下了不少痕迹。美剧《权力的游戏》可谓精彩绝伦,编剧设置了一个颇为怪异的桥段:只要还有哪怕一丁点儿的记忆,强大无比的"夜王"也会在顷刻之间灰飞烟灭。

在这众多的周年标记中,"五四"百年,无疑是其中最为关键的一个。确实,在很大程度上来说,我们至今依然生活在"五四"的问题之下,德先生和赛先生似乎与我们的生活经验仍然有着相当的疏离。而这进一步从反面增强了我对这一年平淡无趣的感受。

我一直记得宗教社会学家彼得·伯格(Peter Berger,1929—2017)在《碰巧成为社会学家的冒险之旅》(*Adventures of an Accidental Sociologist*)中对自己的期许:世界可以无趣(boring),但我们自己可以拒绝成为一个无趣之人(bore)。[1] 他这本学术性自传的副标题被译为"如何生动地诠释世界"(How to explain the world without becoming a bore),其实只是部分传达了原文的意思。在我看来,作为研究者或观察者的"我们",如何不成为无趣之人,这比只

1　[美]彼得·伯格:《碰巧成为社会学家的冒险之旅:如何生动地诠释世界》,张亚伦译,中国社会科学出版社,2017年。

是如何能够生动诠释这个世界更为重要。

三年前离世的伯格大概算是一个有趣的人。

近日刚刚仙去的流沙河（1931—2019）先生也实在是一位趣人，谨此抄录他病榻上最后的诗作《满江红·卧疾反省》：

医院楼高，窗窥我，弯弯眉月。输液线，悬瓶系腕，深宵未绝。鼻管穿咽探到胃，抽空肚里肮脏屑。症状凶。膨胀似新坟，肠撕裂。

命真苦，霜欺蝶。丝已染，焉能洁。恨平生尽写，宣传文学。早岁蛙声歌桀纣，中年狗皮卖膏药。谢苍天，赐我绞肠痧，排污血。

颇感幸运的是，数点下来，我的生活半径内竟然也有那么一些有趣的人。他们拒绝遗忘、拥抱生活，以最大的热情投入惨淡的人生。

回顾我这一年，主办或参与组织了三四次会议，也参加了规格不同的若干会议，印象最深的大概要数11月初在中国人民大学举办的"第四届日常生活研究论坛"。这个论坛实属另类，在一众自称"高端"或"高峰"的会议中自认"低端"——这既是一种自嘲，也是一种面向生活现实的态度。

是年"日常生活研究论坛"的主题被设置为"重拾好奇心"。这无疑是个好题目,但显然也已假设了好奇心的失去,或者至少是减弱了。然而,参会者的高度投入以及现场的热烈景象,却让我清楚看到,怀抱好奇心的人并不在少数。甚至自称早已失去好奇心的张有春,在最后的圆桌讨论中却被人"识破":原来他才是我们中间好奇心最重的人。

就我的观察来说,与会者的研究和写作有一些并没有明说的共性:反对简单的线性叙事,或简单化的因果关联;反对将生活平面化,而是试图恢复生活的层次感、多向性;反对将文化/事件静态化或固化,主张恢复其动态性、过程性和生成性。简言之,大家都在试图恢复或承认现实世界的复杂性,因此更需要从根本上恢复或"重拾"对生活的好奇心。这也是论坛征稿启事中转引福柯的话所要表达的意思:"对于研究者而言,好奇心是对惯性和固执的打破,它呼唤对自我和世界的真正关切,完成对僵硬边界的融化和多元性的开拓,最终让我们获得新的自由。"

储卉娟在会议总结发言时对作为一个学术概念的"日常生活"做了相当精要的梳理,主要涉及哲学、社会学、历史学(含民俗学)的三种不同路径和理解。她提到,关注日常生活,不应当仅仅限于对宏大叙事、主导话语、政治经济结构性问题的批评,也不能落于碎片式的事项列举或个案描述,而是要在日常生活的脉络中揭示出某种被遮蔽的结构。"揭示结构"一说引发了一些不同的意见和评论。在我看来，如果说要寻找某种结构的话，也只能是一种生成中的"结构"，或如黄盈盈在回应时所强调的，是冯珠娣所说的patterning，而不是pattern。

确实，日常生活的视角并不必然意味着批判或对抗；实际上，任何思考本身在一定意义上都构成了某种批判性或对抗性。更为重要的是，这意味着一种实在论的回归可能。换言之，研究不能以概念或理论为先导，而必须从具体的事实出发。在这个意义上，社会科学，甚至所有的学问，都应当秉承一种老老实实的实在论。

但必须指出，这种实在论并不是那种早已被诟病的实证主义。后者霸道地宣称，研究者之所见即是事实，研究者之所论即是真理。对这一类简单粗暴的论调，各种各样的"后学"已经将它们击打得体无完肤。

一种更为可靠的实在论应该是一种更为谦谨的实在论，它承认，所见的或许只是可见的，"所见的是暂时的，所不见的才是永恒的"。可观察的实在乃一种动态的过程，而非一种静态的结构；或者说，日常生活乃是一种不断涌现的实在。简言之，经验世界本身不能设限，因为它本身是生成性的。

这种实在论还得承认，学者所论述的不过是一种无限接近实在的可能。因为一方面，经验世界是生成性的；另一方面，经验方式不可被设限，不能将某一种经验方式取代或覆盖其他经验方式。比如，很多人已经注意到的，在文字传统中对听觉的忽视，在现代理性主义框架下对感性、身体的忽视。因此，复杂性绝非任何单一因果关系或决定论就能定义的，尽管这样的冲动或许无法抑制。

既然经验世界是不断涌现的，那么我们对世界的经验就更加只能是不断涌现的。这就要求我们对世界充满好奇，因为世界是一个生成中的世界，我们对世界的经验也是生成中的经验。

唯有秉持这样的好奇心，才有可能在我们看似平淡无奇，看似无聊透顶的日常生活中不断发现种种惊奇和喜悦。要记得，"这至暂至轻的苦楚，要成就极重无比、永远的荣耀"。

因此，尽管世界有些无趣，这一年也不无平淡，还是要存着期待和好奇，去体验疼痛，去感受风险和未知。毕竟，无望才是终极版的无趣。

辑一

苔花如米小

像人类学家一样思考 [1]

题解

各位看到"像人类学家一样思考"这个标题，可能觉得有点儿夸张，我首先要解释一下这个题目。

过去几年，我发现两本很有趣的入门教材。一本是社会学的，但是出版社找不到合适的译者，所以就找到了我这里。于是，我作为一个人类学者，翻译了一本社会学的入门教材。这本书原来的名字就叫作《社会学入门》，或者《社会学概论》。但是我非常喜欢其中第一章的题目，叫

---

1 本文由 2014 年 6 月 26 日在中国社会科学院世界宗教研究所的讲座录音整理而成，感谢陈进国博士的邀请以及到场诸位师友的回应和讨论，特别感谢胡梦茵同学费心整理录音稿。收入本书时略有修订。

作"Think as a Sociologist"，就是"像社会学家一样思考"。后来在出版的时候我就给出版社一个建议，把标题改成这个了。[1]

第二本书是人类学的入门教材，叫作《人类学入门》，副标题是"像人类学家一样思考"。[2] 实际上，英文原书名的主标题就是"像人类学家一样思考"，但在翻译成中文的时候却用了"人类学入门"。

我比较喜欢这本书的是，它和我们一般见到的人类学的概论不一样，它的编排非常好，等下会具体说到。

今天的副标题是"以基督教研究为例"，过去十年，我作为一个人类学家，主要做的是基督教研究，今天想讨论的就是我最近的一些思考。

何为人类学与人类学何为

先来看一张照片，一般学人类学的人都很熟悉，就是1918年，英国人类学家马林诺夫斯基（Bronislaw Malinowski，1884—1942）在西太平洋群岛的土著人当中。

现在我们提及人类学，往往会有这样的印象：人类学就

1　[美]尼霍尔·本诺克拉蒂斯：《像社会学家一样思考》，黄剑波、张媛、谭红亮译，机械工业出版社，2011年。

2　[美]约翰·奥莫亨德罗：《人类学入门：像人类学家一样思考》，张经纬、任珏、贺敬译，北京大学出版社，2013年。

1918年，英国人类学家马林诺夫斯基与西太平洋特罗布里恩群岛
（Trobriand Islands）的土著居民在一起。

是对原始人、土著人的研究。对应到宗教研究中，这种印象就是人类学的宗教研究，关心的是原始宗教、部落宗教，或者说小的宗教体系以及民间信仰体系。这种印象有一定的道理，但是我在这里特别要强调的是，人类学也可以参与到一些所谓大型宗教体系的研究中去，比如佛教研究、伊斯兰教研究和基督教研究等。

下面这张照片，对于没有人类学背景的人来说可能不太熟悉。这张照片拍摄于1938年，展现了法国人类学家克劳德·列维-斯特劳斯（Claude Levi-Strauss，1908—2009）在巴西亚马逊雨林的一个部落中的场景。当时他正在洗澡，被一帮当地小孩围观。直接看这张照片可以引申出"作为观察者的人类学家被观察了"这样的认识。实际上，据列维-斯特劳斯自己记述，这是这些小孩在旁边觊觎他的肥皂，想要偷他的肥皂。今天人类学家的形象基本上还是这种"他者"中间天真而窘迫的外来者。

谈到人类学，我还是简单介绍一下。如果想对人类学有一个导论性的了解，可以阅读以下三本书。

第一本是科塔克的《人类学：人类多样性的探索》[1]。这本书非常厚，一百多万字。两年前我们帮忙翻译出来，在中国人民大学出版社出版。这本书是美国人类学界最经典，也

1　［美］康拉德·菲利普·科塔克:《人类学：人类多样性的探索》，黄剑波、方静文等译，中国人民大学出版社，2012年。

1938年，法国人类学家列维－斯特劳斯在巴西亚马逊雨林的一个部落中。

是最经常使用的人类学导论性的教材，现在已经出版到了第13版。

第二本是国内庄孔韶老师主编的《人类学概论》[1]，也是中国人民大学出版社出版的。

第三本就是我刚刚提到的《人类学入门：像人类学家一样思考》。作者叫约翰·奥莫亨德罗（John Omohundro），是科塔克的学生，曾经到台湾做过田野调查。这本书去年在北京大学出版社出版，它的章节安排很有意思：

第一章　什么是文化？概念性问题

第二章　如何了解文化？自然性问题

第三章　这种实践或背景的观念是什么？整体性问题

第四章　其他社会也这么做吗？比较性问题

第五章　这些实践与观念在过去是什么样的？时间性问题

第六章　人类生物性、文化与环境是如何互动的？生物—文化性问题

第七章　什么是群体与关系？社会—结构性问题

第八章　这意味着什么？阐释性问题

1　庄孔韶：《人类学概论》，中国人民大学出版社，2006年。

　　整本书的十一章其实讲了十一组问题。本书的译者张经纬老师借用了奥莫亨德罗的比喻，他认为，以前的教材是围绕着亲属制度、政治制度、社会结构、生计类型、交换方式等关键概念组织起来的分类体系，好像是给森林中的每一棵树贴上了标签，让我们知道人类学知识森林的基本组成。但是，即便认识了森林中的全部树木，我们还是可能在林中迷路，无法展开自己的知识探险。[1]

　　他继续总结了奥莫亨德罗的观点："我坚信文化人类学能让所有学生洞悉、探索我们千差万别的世界，与其牢记森林中每一株植物，每一棵树的名称；不如从更大的生态角度了解林中树木分布的基本规律。"[2]我觉得这个思路非常好，不是去了解每一棵树本身的标签，而是了解一个更大的生态系统里树的分布规律，让学生掌握人类学研究人类行为和观念的方法，让他们在学完这门课程以后继续像人类学家一样思考。所以我今天才借用这个题目。

1　[美]约翰·奥莫亨德罗：《人类学入门：像人类学家一样思考》，张经纬、任珏、贺敬译，北京大学出版社，2013年。

2　[美]约翰·奥莫亨德罗：《人类学入门：像人类学家一样思考》，张经纬、任珏、贺敬译，北京大学出版社，2013年，第5页。

人类学是干什么的？我们一般认为社会学的关键词是社会，而人类学的关键词，或者研究的单元或者单位，是文化。但是文化到底意味着什么？或者，人类学家研究文化到底是干什么？

过去的四五十年里，文化从原来的单数转变为复数。最知名或者最有影响力的阐发来自美国人类学家格尔茨[1]的《文化的解释》[2]，这本文集初版于 1973 年，日后成为名著，其中用的是"cultures"而非"culture"。他不是在讲单数的文化，而是在讲复数的文化的阐释问题。

人类学研究什么文化？前面提到的两张图片显示出，人类学研究的一般是原始文化、部落文化，在中国具体表现为民族文化、少数民族，比如云南或者贵州某个少数民族及其文化。以它们为研究对象无可厚非，但是需要进一步追问，研究这些文化是为了什么？今天在西方人类学界也有一个争论，就是人类学是不是就等同于民族志的问题。按照格尔茨的看法，民族志还不是他所认识的人类学。

在最近的阅读中，我也越来越意识到，或许我们对人类学的认识需要回到它最初的词根上来。我们一直认为人类学研究的是文化，但实际上可以说，人类学是透过研究文化达

1　克利福德·格尔茨（Clifford Geertz, 1926—2006），另译克利福德·格尔兹、克利福德·吉尔兹。——编者注

2　Clifford Geertz, *The Interpretation of Cultures: Selected Essays*, New York: Basic Books, 1973.

到对人的理解和认识。"人类学"一词的英文 anthropology，其词根是"anthropo"，即"人"。"人"才是人类学真正的落脚点或者最终的关注点。

当然"人"是有不同层面的，有生物的人、文化的人，还表现出来信仰的人、宗教的人等等。这种理解看起来老生常谈，但是如今的人类学进入了后现代的时代，特别强调复数的文化，甚至强调，我们的阐释也是多元的、完全相对的，乃至于绝对的后现代主义里没有任何标准，有些"众生喧哗"：在这样一个时代，我觉得有必要重新回到人类学研究文化的差异是为了要能认识共同的"人"这一理解上来。

有一本书叫《人类学百年争论》[1]，是美国人类学家埃尔曼·瑟维斯（Elman Rogers Service，1915—1996）写的，由云南大学出版社翻译出版。这本书里提到了人类学历史上一些著名的争论，我不想在这里赘述，但是这些争论反倒是可以让我们思考人类学的张力在哪里。

很多人都谈到科学与人文、个体与结构这样一些人类学内部的张力怎么处理的问题，人类学家越学越困惑。对此，我常常引用格尔茨的这一句话，这是他在自己晚期的一本书里说的，"Our confusion is our strength"。[2] 我们的困惑正是

---

1 ［美］埃尔曼·R. 瑟维斯：《人类学百年争论：1860—1960》，贺志雄等译，云南大学出版社，1997 年。

2 Clifford Geertz, *Available Light: Anthropological Reflections on Philosophical Topics*, Princeton: Princeton University Press, 2000, p. 97.

我们的力量或者我们的强项，我们的长处所在。而今天的所谓"科学式"研究，强调的都是标准的（normative）东西，"是"的研究。比如说研究基督教，期望能够得到的结果都是"基督教就是这样"式的描述，是教义的或者标准式的描述。但实际上无论是基督教还是基督徒，无论是作为一个群体还是一个个体，其内部的复杂性和多样性在这一单一的描述下被完全覆盖掉了，从而不能真正认识到基督徒或者基督教意味着什么。

刚刚王鹰提到她做挪威传教士艾香德（Karl Ludvig Reichelt，1877—1952）研究的时候，有人描述他是一个特别温和开放的人，另外一些材料则说他对下属、对同事态度恶劣。那我们怎么处理这种矛盾？我倒是觉得，正是因为这种内部人格性的"纠结"才构成真实的人生，没有纠结就没有真正的生活。这些争论，可以引用张海洋老师的一个总结，十六个字："文化相对，伦理互通；历史特殊，人性普同。"这话听起来并不新鲜，但是可以帮助我们进行理解。

回到早期人类学的问题，早期人类学做的一般是王铭铭在《想象的异邦》[1]中提到的，对原始人、原始文化的研究，对"他者"异文化的研究。这种对异文化的研究可以帮我们思考人类学的一个基本取向。

1　王铭铭：《想象的异邦：社会与文化人类学散论》，上海人民出版社，1998年。

人类学这个学科，从现代学科的角度也就一百多年的历史。我们梳理它的历史发现，它的基本取向中有几点在我们今天的研究当中仍然十分有用，特别是宗教研究，在基督教研究中有可以借鉴的地方。

第一点是对"他者"异文化的尊重，这就是费孝通先生说的"美人之美"，你首先得学会尊重别人、欣赏别人。借用基督教的说法叫作"放下自己"。

第二点是"当地人"视角。马林诺夫斯基特别强调本地人的观点，后来格尔茨进一步加以阐发。当然，格尔茨的看法已经和马林诺夫斯基有相当大的区别，虽然用的都是同一个词。当地人的视角，用中国人的说法叫"站在别人的位置上来思考"，就是"换位思考"。这一点用基督教的术语来说，可以类比为"道成肉身"。所谓"道成肉身"，意思就是用对方能听得懂的话，用对方能够理解或者对方使用的语言来进行思考。

第三点是透过"他者"认识自己，就是人类学本身具有的反省性、反身性。所以刚刚格尔茨的那句话"Our confusion is our strength"，正是人类学在今天这样一个强调标准或者科学（scientific）的时代里，在"科学研究"的这样一个时代里，一个非常好的提醒。这种多样性、复杂性和丰富性需要得到关注、强调和重视。

今天我们的研究有一个很有问题的倾向，或者说一个陷阱，就是结论先行。所谓研究，不过是去找一些证据来证明已有的观点，而这种证据一定是可以找到的。这里再次借用王鹰的例子：如果你已先假定艾香德是一个温和可爱的老人，一定找得到相关的记载，事实上也确实有很多这样的材料。反过来，一个批评艾香德的研究，认为他为人特别严厉或者苛刻，也一定可以找到很多这样的证据。

我们今天做研究，特别是这种技术化的社会学研究，做了一个假设、一个模型，得出的结论就是事实正如假设一般，因为你就是按照假设去找材料的。所以这样的研究看起来很漂亮，可是看完了，我们对人、对文化、对社会的理解并没有一个真正的提升或者洞察。这种研究只是提供了一个漂亮的数理模型。

人类学与基督教研究

前面关于人类学的讨论是做了一个铺垫，后面的一些观点与我对人类学基本取向的理解有关系。以下我们讨论一下人类学和基督教的关系。

今年初，我刚刚出了一本名为《人类学理论史》的小册子。过去十年我在人民大学教"人类学理论史"这门课，这本书就是在这个基础上发展而来。这本书的第一章特别提到，今天的人类学假定的是作为现代学科意义上的人类学，但是这个意义上的人类学其实历史很短。更长历史的人类学是哲学意义上的"人类学"，更深远的传统是神学意义上的人类学，也就是基督教意义上的人类学。

今天用在中国的语境里，把基督教的人类学翻译成基督教的"人论"，但在英文中是同一个词，anthropology。所以我们在讨论人类学和基督教的关系的时候，其实是在讨论作为现代学科的人类学与基督教的关系。

但如果把"人类学"放在更长的历史时间中，则人类学至少有三个层次：作为现代学科意义上的人类学，这是非常晚近的，大概一百多年；作为哲学的人类学，哲学人类学；作为神学意义上的人类学，即基督教的人论。其实这三个不同层面或者不同维度的人类学最终的目的是一致的，都是要界定或者认识"人"是什么。神学意义上的人类学是推演式的，从神学论述推演出的关于人的看法。作为现代学科意义上的人类学是经验的归纳，由此带来一种取向上的不同。但是你会发现，它们最终要达成的目标有很相近的地方。

有趣的是，读人类学史，我们会发现人类学家和基督教的传教士似乎是一对天敌。一方面，人类学家，尤其古典人类学家，是在进化论的基础上展开研究，所以对教会、对基督教会有一个直接的批判或冲突；另一方面，人类学家对基督教传教士的批评主要源自人类学对本文化、地方文化的尊重和强调。所以人类学家看到传教士所到之处，原生文化被摧毁，可谓痛心疾首。但其实，早期人类学的很多材料都是从传教士的游记、报告里面获得的，甚至一些早期人类学家曾经是传教士。比如，中国的华西大学，在 1949 年以前是教会大学。李绍明[1]先生在追溯人类学华西学派的时候提到，有一批人，全是华西大学的，他们主要研究藏、羌这些川西少数民族。这些人无一例外都是传教士。[2]可见，传教士和人类学家之间并不一定是天然的敌对状态，但在人类学历史中，在主流的人类学研究中，确实很少见到专门针对基督教的研究。

近十来年，基督教人类学（anthropology of Christianity）兴起，一个重要标志是2004年英国人类学家乔伊·罗宾斯（Joel Robbins）出版《成为罪人》[3]。最近十年，加州大学出版社以"基督教人类学"为总标题，已经出了将近二十本世界各地的民族志。人类学早期一般只是研究小宗教、地方宗教，后来研究佛教的民族志越来越多，特别是东南亚地区的佛教研究，做得非常好。人类学伊斯兰研究一般认为始于格尔茨[4]，当然在他之前也有其他研究。但是人类学从来没有真正把基督教作为基督教来研究。美国人类学家科马洛夫夫妇（Jean and John Comaroff）原来在芝加哥大学，现在任教于哈

---

1 生于1933年，卒于2009年，中国民族学家、人类学家，曾任四川省民族研究所研究员。——编者注

2 李绍明：《略论中国人类学的华西学派》，《广西民族研究》2007年第3期。

3 Joel Robbins, *Becoming Sinners: Christianity and Moral Torment in a Papua New Guinea Society*, Berkeley, Los Angeles & London: University of California Press, 2004.

4 Clifford Geertz, *Islam Observed: Religious Development in Morocco and Indonesia*, Chicago: University of Chicago Press, 1971.

佛大学。他们夫妻俩的名著叫《启示与革命》[1]，正是讲南非的基督教。但是总的来说他们是把基督教作为一个变量，讨论的是抵抗、政治以及社会制度。换言之，基督教不是他们真正关心的问题，而只是他们借来讨论的背景或者材料。

其实近十年之前，绝大部分讨论基督教的人类学研究基本上属于这种类型：基督教要么是作为一个背景，要么是作为一种变量，研究基本是这样一种思路。最近十年确实有一个很大的变化，2008年，罗宾斯在《宗教指南》上发表了一篇文章，就叫《基督教人类学》[2]。这篇文章旗帜鲜明地提出，要做一个人类学研究的亚领域，不是亚学科，也谈不上分支学科，而是一个分支领域。他认为，如果我们确定有一个"基督教人类学"的领域存在，首要的是把基督教作为一个正当的分支领域（legitimate field），即把基督教当作基督教来研究。

实际上，这一点可以上溯到更早的英国社会人类学家埃文斯-普理查德（E.E. Evans-Pritchard，1902—1973）的

1 Jean Comaroff and John Comaroff, *Of Revelation and Revolution: Christianity, Colonialism, and Consciousness in South Africa* (Volume 1), Chicago & London: University of Chicago Press, 1991; Jean Comaroff and John Comaroff, *Of Revelation and Revolution: The Dialectics of Modernity on a South African Frontier* (Volume 2), Chicago & London: University of Chicago Press, 1997.

2 Jon Bialecki, Naomi Haynes, and Joel Robbins, "The Anthropology of Christianity," *Religion Compass*, Vol. 2, No. 6(2008), pp. 1139–1158.

主张。普理查德在其《原始宗教理论》[1]中对之前所有的宗教领域研究都提出批评，而提出"把宗教当成宗教"（Take religion as religion）。这句话的意思是，之前的宗教研究其实是把宗教简化为，或者是更换为、置换为另外一种问题，即政治问题、经济问题或者社会问题，乃至于弗洛伊德式的心理问题。普理查德的这句话后来成为整个宗教人类学研究的一个类似准则性的立场。因此，人类学研究宗教，并不仅仅是基督教，而是所有宗教，都需要"Take religion as religion"，进行一种现象学意义上的研究，而不是将宗教置换为另外一个问题。

但是这样一种观点可能需要有一个补充。如果只是"Take religion as religion"，则必须先要回答"宗教是什么"的问题，否则很有可能会把"宗教"（religion）这个词或者宗教现象泛化，从而研究无法找到一个确定的范围。除了界定什么是宗教，我们还需要讨论宗教是否是一个自成体系的东西。借用涂尔干（Émile Durkheim，1858—1917）的说法，他说"社会事实自成一类"，而在这里或许可以说"宗教事实自成一类"。当然这个说法并不严谨。而要进一步平衡和使"宗教事实独特性"的观点变得完整，就需要强调文化整体观。人类学在研究某一个文化或者某一个族群的

1　[英]E. E. 埃文斯－普理查德：《原始宗教理论》，孙尚扬译，商务印书馆，2001 年。

时候是做整体的研究，因此在这一意义上同时也要"Take religion not only as religion"。

换言之，一方面要把宗教当成宗教，但另一方面又不能把宗教只当作宗教。研究一个宗教现象的时候，一定要把它放在当地的场景（context）里以及当地的历史文化脉络里。我过去几年几本书的题目就是在贯彻这样的一个想法。比如 2008 年的一个集子题目叫作《地方性、历史场景与信仰表达》[1]，其实就是在强调，信仰在一个地方的地理空间场景，同时又在另一个历史场景中才可以被解读。这意味着，研究者不仅仅是做一个切面性的村落研究，还需要有相当的历史纵深。

一位美国学者评论说，基督教对人类学来讲是一个"他者"（other），并且是一个臭名昭著的"他者"。在历史上，包括我们所熟悉的涂尔干在内，早期人类学家主要受文明的进化观影响，涂尔干的名著《宗教生活的基本形式》[2] 所研究

1　黄剑波：《地方性、历史场景与信仰表达：宗教人类学研究论集》，中国戏剧出版社，2008 年。

2　这本书的几个中译本分别是：[法] 爱弥尔·涂尔干：《宗教生活的基本形式》，渠东、汲喆译，商务印书馆，2011 年；[法] 爱弥尔·涂尔干：《宗教生活的基本形式》，渠东、汲喆译，上海人民出版社，2006 年；[法] 爱弥尔·涂尔干：《宗教生活的基本形式》，渠东、汲喆译，上海人民出版社，1999 年；[法] E·杜尔干：《宗教生活的初级形式》，林宗锦、彭守义译，中央民族大学出版社，1999 年；[法] 埃米尔·涂尔干：《宗教生活的基本形式》，芮传明、赵学元译，台北：桂冠图书股份有限公司，1992 年。

的"基本形式"也可以说是"初级形式"。这本书的两个中文译本分别抓住了"elementary"这个词的两个含义,渠东的版本应该说更准确,就是"基本形式"。但是另外一个版本是叫"初级形式",因为涂尔干研究的澳洲,基本上可以说是最古老、最原始、最初级的。

简言之,早期人类学家对宗教的关注集中于其"起源"或"根源"及其历史演化的问题,研究主题是在以基督教为代表的一神教出现之前的种种宗教形式。所以,罗宾斯这批人特别主张,要将基督教当成人类学研究的正当主题(legitimate research subject)。也就是说,基督教本身也被当作一个"文化"。这个"文化"和我们在二十世纪八十年代中国语境里讲"宗教的文化观"不太一样。在我们的语境中,从原先的"宗教鸦片论",到"宗教文化论",是一个非常大的认识转型,也是一个非常大的进步。但罗宾斯在这里的意思不完全是这样,他更多是在质疑人类学家为什么一研究基督教就放弃了传统的研究态度,或者说人类学的一切原则都不再适用了。他强调,基督教也同样是人类学研究的正当命题,是一个可以被当作一个文化,然后进行研究的对象。

这里也略微介绍一下英国伦敦政治经济学院(LSE)教授费内拉·康奈尔(Fenella Cannell),2006 年,由她编写的《基督教人类学》[1] 出版。2010年，她另外发表了一篇文章，就叫《世俗主义人类学》[2]。这篇文章主要评论两个人的作品，一个是美国宗教人类学家塔拉尔·阿萨德（Talal Asad），另外一个是加拿大哲学家查尔斯·泰勒（Charles Taylor）。康奈尔认为这两个人的思想在过去的几十年当中基本成为我们今天讨论世俗以及世俗主义最主要的两大思想来源。

人类学基督教研究的进路

前面讲了两个主题，第一个主题是人类学，或者我所理解的人类学，第二个主题是人类学与基督教的关系。下面进入第三个主题：人类学基督教研究的进路与指向问题。

人类学的基督教研究，这里有两个关键词，第一个是"基督教研究"，或者更大范围的"宗教研究"。所以，人类学的基督教研究肯定要处理基督教和基督徒的问题。这一点是在回答两个问题，或者是一个问题的两个层面，即"什么是基督徒"以及"什么是基督教"。人类学的基督教研究不是一种教义性的、逻辑性的单一叙述，更不是用"属灵的得

1　Fenella Cannell, ed., *The Anthropology of Christianity*, Durham & London: Duke University Press, 2006.

2　Fenella Cannell, "Anthropology of Secularism", *Annual Review of Anthropology*, Vol.39(2010), pp. 85−100.

胜"来理解见证等类似的做法，而是更多强调基督教内部的多样性，乃至基督徒个人内部的挣扎。这不是那种一般我们听一个见证所表现出来的"属灵的得胜"，其实不是那么简单。2012 年，我在香港中文大学的讲座就试图处理如何去看待基督徒的归信见证这个问题。归信见证只是众多见证当中的一部分，但却是所有基督徒见证中最主要，或者说最核心的一块。

总之，人类学的基督教研究首先是一个基督教 / 宗教研究。今天，很多人类学、社会学或者说社会科学的研究不关心宗教问题本身，宗教只被当作一个领域、一些材料，研究要回答和处理的只是自己所属学科理论层面的关怀。虽然研究固然应该有一个学科性的关怀，但对基督教 / 宗教的一些基本问题也应该有所回应。

第二个关键词是"人类学"，即人类学的基督教研究肯定也是一个人类学的研究。什么叫"一个人类学的研究"？现在很多"人类学研究"有两个自我标示，一个是副标题中的"关于×××的人类学研究"；一个是基于某个地方的实地调查，以田野调查这样一个方法来论证其作为一个人类学研究的合法性，或者正当性。田野调查当然是人类学的基本方法，但是并非一个人类学研究的强力佐证，即田野调查相对于人类学研究来说并非一个充分条件[1]。另一方面，很多前辈，比如胡鸿保老师，几乎没有做田野调查，但是他所做的依然是人类学研究，故而田野调查对人类学研究也并非必须。因此，在人类学学生的训练中田野调查是必须的，因为没有做过田野就好像是没有入过门，这是人类学学科的"成年礼"。但是就研究方法本身而言，田野调查中的"人类学"独特性是越来越淡的，可以说田野调查是不同学科共享的一种方法。

人类学的基督教研究，在这里有两层意思：第一，是基督教作为一种"文化（现象）"是人类学正当的研究对象；第二，指的是人类学应该是透过研究不同的文化和差异性的文化，去试图理解"人"是什么。因此，人类学的基督教研究，是试图透过对基督徒这些具体的人的研究达成对"人"的一个理解。最近几年，我一直在强调人类学研究一定要有"人味儿"。我们今天很多人类学研究读起来索然无味，这些结构研究、模型研究、理论研究，淹没掉了活生生的"人"。我们把人缩减成一个个数字，去满足一个模型的需要，这并不是人类学经典意义上对人的关怀。人类学研究，或者人类学作品，如果在其中看不到"人"的存在，那么人类学的意味也就小了很多。

---

1 由 A 可以推出 B，则 A 是 B 的充分条件。在此处，有田野调查并不能佐证该研究是人类学研究，故而不是一个充分条件。

回到基督教研究本身，一个人类学的基督教研究应该怎么做？我曾提出，可以从三个维度去试图理解基督教。第一个是被传讲的基督教（Christianity preached），涉及教义、历史等方面；第二个是被认知的基督教（Christianity perceived）；第三个是被实践的基督教（Christianity practiced）。这三个"被"，是帮助我们去观察、理解基督教作为一种文化的三个不同层次。

对基督教这种大型的、具有庞杂的教义体系的宗教，如果仅从人类学通常强调的日常生活的进路，观察基督徒的日常生活，可能耗费十年也无法对"基督教是什么"有一个清晰的认识。因此需要多重维度的视角。很多人类学、社会学的调查研究，一个致命的问题就在于，研究者对这个宗教本身完全不了解，甚至存在基本的宗教常识性的错误。换言之，人类学背景的人做宗教人类学研究需要先去了解宗教，而宗教学背景的人做宗教人类学研究则需要了解人类学，学科背景的差异带来两者互相补充的可能。

这几年我一直也在试图界定"被认知的基督教"。一个基本认识是，无论是信徒还是非信徒，当他听到基督教的传讲，他会形成"基督教是什么"的感知（perception）。这个感知与他所听到的传讲的基督教不一定完全重合，甚至可以说绝大多数时候是有距离的。而这个距离正是人类学基督教研究的必要性和重要性之所在。第三个层面讨论的"被实践的基督教"也是一样，对于基督教的感知与实际的行动

（practice）之间也是有相当的距离。

这里略微谈及一下"Christianity as becoming"。在研究基督徒和基督教的时候，多数研究一般是在"是"（being）的层面进行，即研究的目标是达成"基督教是这样""基督徒是这样"的理解。但如果从人类学的基督教研究来说，可能更需要注意的是"基督徒的成为"（the becoming of a Christian），还有"基督教会的形成"（the becoming of a Christian church）的问题。这个问题可能比描述"这个教会是这样"或者"这个基督徒是这样"有更多层面的内部张力，因此也就更有可能产生知识冲击力。简言之，研究基督教"from being to becoming"的过程，即从一个对"是"的研究转为对"成为"的研究的过程。实际上，最近两三年，普通人类学界也一直在强调这个从 being 到 becoming 的转变。

人类学家如何思考？

回到最初的主标题，"像人类学家一样思考"，那么，人类学家是怎么思考的？

首先需要重提本地人的观点、地方的观点。罗宾斯，特别是康奈尔，提到一件事，即人类学家在研究非洲、澳洲等所有的土著的时候，都强调或者提醒自己：我们要研究的是他们怎么说。但是一研究基督教，则放弃了这一研究假设，而认为：他们说了不算数，我觉得是这样。

这种研究的假设是，这些基督徒说的只是一个神学性的表达或者语言，他们是在陈述一个神学性的观点，而这一神学性的观点又恰恰是人类学家所不能接受的。所以人类学家在研究基督教的时候，人类学本身的一些基本原则就被放弃了或者转化了。在康奈尔看来，人类学家研究基督教时是一个"典型的自我矛盾的伪君子"。

另一位美国学者，卢克·拉斯特（Luke Lassiter），他写了一本书，中文翻译成《人类学的邀请》[1]。其中有一章讲到人类学的宗教研究。他提出这样一个认识和观察：人类学家只要一研究宗教就有一个基本的假定，或者说一个基本的出发点，即美国医学人文学者大卫·哈弗德（David Hufford）所说的"不信的传统"（tradition of disbelief），或者说非信仰的传统。更进一步的假定是，信仰本身是错的、不成立的。因此，人类学家的研究就是要解释，这样一个错的东西为什么还存在并且还能发生作用。

遵循这一前提，接下来做的研究都被转化为或者简化为其他一些因素的研究，比如刚才提到普理查德所批判的政治因素、经济因素、社会因素或是心理因素。这种转化是必然的，也是可以理解的，因为在假设了信仰本身是不成立的情

1　[美]卢克·拉斯特:《人类学的邀请》，王媛、徐默译，北京大学出版社，2008 年。

况下，必然存在一个或者多个使其继续存在的理由。

其实回到人类学的传统，回到从马林诺夫斯基到格尔茨以降的对本地人观点的强调，这种前提及其后续的推演是很有问题的。就本地人的观点而言，格尔茨对马林诺夫斯基有一个突破：马林诺夫斯基的观点还是一种科学的，或者说现代主义式的研究，他假定他能够听到或者看到本地人的声音，而且也假定他写出来的就是本地人的观点；格尔茨则意识到这两者都只是假定，并且很大程度上是一种理想状态，而在现实中几乎不可能实现。

因此，格尔茨虽然也强调"地方性知识"——现在格尔茨被提到时总绕不开两个关键词，即"文化阐释"和"地方性知识"——但是他同时也强调，自己所做的是阐释本地人对自己文化的阐释。格尔茨不是自己去阐释文化，也不是完全听本地人阐释自己的文化，而是作为学者去阐释本地人对自己文化的阐释，是对阐释的阐释。理解格尔茨时容易陷入一个误区，就是以为"文化的阐释"指的是作为一个研究者去阐释文化本身，而实际上，格尔茨指的是阐释当地人对自己文化的阐释。

格尔茨同样也假定文化是可以被表述，尤其是可以被语言表述的，因此他阐释的内容是当地人表述出来的。对这一点，包括石瑞（Charles Stafford），以及他的老师莫里斯·布洛克（Maurice Block）在内，LSE 的几位人类学家提出了批评。他们指出，其实文化中有相当部分，甚至是大部分内容，是不能用语言表述的。布洛克主要的研究区域是马达加斯加，他有一篇大概两三页的短文，题目非常有趣，叫《为什么马达加斯加的牛说法语》[1]。当然，马达加斯加的牛不可能"说"法语，它其实是听到主人的声音，或者说看到主人的神态。这篇文章指出，我们需要更多去关注到文化的细节或者说不能由言语表达的部分。

所以在做人类学研究的时候，特别是在做人类学的基督教研究的时候，不仅仅需要记录基督徒或者基督教的表达，诸如他们的证道（preaching）或是他们的见证，而且要注意到他们表达出的感情，他们的肢体动作等非语言的细节。在人类学田野调查中，我们需要意识到，人们所做而表达出来的信息往往要比他所说的，甚至比他在文本里写的更加贴近真实。

简言之，人类学尊重本地人的观点，在基督教研究中我们则理当尊重基督徒自己的表述。这也意味着承认，不仅是研究者，不仅是人类学家、宗教学家或是神学家在试图理解宗教，这些学科或学者的研究对象也在用自己的方式认识和理解宗教乃至整个世界，因此他们在这个意义上也都是人类学家、宗教学家以及神学家。

事实上，不光是研究者在做研究，不光是研究者进到当

1　[英]莫里斯·E. F. 布洛克：《吾思鱼所思：人类学理解认知、记忆和识读的方式》，周雷译，格致出版社、上海人民出版社，2013年，第209-212页。

地做"参与观察",研究对象也在观察研究者。"看"与"被看",以及"互看",构成了一个更有层次和丰富性的认识过程和知识生产的更大可能性。

一沙一世界：在具体经验中思考宇宙性问题 [1]

"一沙一世界"，来自英国诗人威廉·布莱克（William Blake，1757—1827）的一首名作，我想借这首诗的意涵来表达一些思考。在此之前，先介绍一下这一思考的基本背景。

理论与经验的张力

一般来说，人类学被认为是一门经验学科，从十九世纪中后期开始兴起的现代社会科学，包括社会学、人类学、心

---

1 本文原为 2020 年 6 月 1 日在贵州民族大学的讲座稿，感谢李乔杨教授的邀请，以及孙攀搁根据录音整理成文。收入本书时略有修改。

理学，都模仿了自然科学的研究方法。但是，它们的母题仍是道德哲学。所以，社会科学发展至今存在着一个很有意思的悖论：一方面，非常强调直接经验；另一方面，经验问题最终落实为理论关怀。

对直接经验的强调，源于人类学早期发展阶段的特征，其研究对象和研究方法都或多或少带有这方面的特点。当时人类学家大量倚重传教士日记等文本。最早进入世界不同角落的欧洲人首先是传教士，然后才是其他学者，包括后来我们说的植物学家、动物学家或是博物学家，人类学家也是在这种背景中出现的。人类学家强调，不能仅仅依靠传教士的纪录，也要有自己的第一手资料，这就是后来马林诺夫斯基所确立的田野工作。同时，他也在无意中确立了田野调查所需的时间：一个农业生活周期。他当时没有办法，只能在调查地待一年多的时间。结果发展到现在，一年似乎变成了公认的调查周期。

早期的人类学研究不仅与殖民主义的整个过程相关，还与人类学家进入田野的方式有关：人类学家以亲身实地的方式进入研究环境。无论是眼睛还是耳朵，身体的感知构成了经验，最为直接的经验。很多非人类学专业的人接触人类学作品的时候，常常会觉得故事太多、太琐碎，甚至有些无聊。这种感觉或印象在很大程度上是成立的，因为今天很多人类学文本都是非常碎片化的个案，缺乏理论、哲学层面的关怀。

除了直接经验，人类学起源还有着道德哲学的背景，换句话说，所有经验研究，其背后都有深刻的哲学关怀。人类学进行道德比较，是为考察我们和其他看似不同的人到底是怎样的关系：他们和我们一样？还是他们是我们的过去？例如古典进化论所呈现的：原始人之于欧洲人，正是过去之于现在。这些道德比较最终指向的是某些抽象问题，如"何以为人"等问题。在此意义上，人类学确实和欧洲传统神学背景中的人类学，或者哲学人类学，有着共同的关怀，这种关怀远超具体的经验研究。

经验与理论的内在张力贯穿了人类学的发展过程。这一学科一开始就有着强烈的哲学关怀，但同时又期望开展自然科学式的、持续的、实验性的经验研究。人类学家有意识地想要摆脱哲学或者道德哲学的限制，以至于非常强调直接经验，强调可见的事物。人类学家始终强调，相比于抽象的逻辑和概念，经验可能更为重要，因为概念可能是人构建的。

经过一百多年的发展，回头看最近的三十年，人类学研究越来越碎片化，陷于单一的个案，落入了表达个人经验的陷阱，如今这一学科难以回应宏大的社会问题、文明问题、人类问题。须知，古典人类学对当时欧洲知识界带来的冲击力是巨大的，尽管今天来看社会进化论的模型也很有问题。其后果就是，不光在中国，在整个世界，人类学学科的影响力也越来越弱。

原因在哪里？并不在所谓的学科设置，一级学科或二级学科的问题。更大的问题是，人类学家放弃了人类学研究带来知识冲击的可能性，使自己的研究在一定程度上变成了纯粹自说自话的游戏。就此而言，人类学现在的学科现状确实缺乏提出有冲击性理论的能力，可能还涉及个人的抱负。当然，每个时代都会有一些人类学家，仍然坚持着这样的抱负和关怀。

其实，不少学者都注意到人类学这种碎片化的现状。出于对人类学学科的失望，一些学者转向其他学科，如社会理论、哲学、古典学和语文学等，这些学科都具有更长久的传统。他们觉得在这些领域中，才能实践他们的关怀。我觉得这些观察是对的，但我同时也对这种路径感到遗憾。因为，这种思考进路轻易放弃了人类学的经验维度，落入到了哲学的分支，甚至是其中微不足道的分支。

我注意到，对人类学学科的不满，常常执于经验或理论的两端。执于两端的问题在于，我们常常忘掉这一学科一开始就是在纠结中产生的，是在上述张力中产生的。事实上，正是这种张力，或换句话说，正是这种张力的不确定性、模糊性，使得我们的这一学科有着实现更多创造的可能性。没有张力，就没有创造力，这是我的一个基本观点。就好像，我们看一个故事、一部电影，如果它没有情节上的张力和冲突，就会平平无奇，也不会带来特别大的兴趣，不足以吸引你。我觉得正是这种张力和模糊性，使得我们可以更加精妙、准确和有意识地对这门学科进行整合。

人类学需要哲学思考，但是我们的思考一定要落在经验基础之上。在此意义上，我们或许可以留意一下格尔茨晚年的一本文集 *Available Light*，中译本叫《烛幽之光》[1]，总体翻译是不错的。在这本书的前言中，格尔茨就自己早期的经验研究到晚年的哲学反思做了一个说明。

格尔茨说，自己有一句话常常被人误解："Our confusion is our strength."（我们的困惑正是我们的优势。）其实他说这句话是针对当时的其他学科的。当时社会理论的坚持者认为人类学很多时候没有一个很清晰的、规律式的、定义式的讨论，不是规范的（normative）的分析，而是描述性的（descriptive）的叙述，缺乏科学性，不够有力，不是硬科学（hard science），格尔茨正是在此背景中来回应这一问题。他说，谢谢你们的批评；恰恰是我们的困惑（confusion），正好是我们根本说不清楚的特征，实际上也是这门学科的一个期待。

从这一背景，我们可以看到，理论与经验的张力既是人类学需要正视的学科危机和挑战，但同时也是一个机会。

现在，从背景返回主题。布莱克的 *Auguries of Innocence*（《天真的预言》）这首诗，呼吁我们在微小的事实中把握宏大的秩序。来看看他的原话：

---

1 ［美］克利福德·格尔茨：《烛幽之光：哲学问题的人类学省思》，甘会斌译，上海人民出版社，2017 年。

To see a World in a Grain of Sand

And a Heaven in a Wild Flower

Hold Infinity in the palm of your hand

And Eternity in an hour

　　这首诗在中文学界的影响力可能要远高于英文学界。它大概是说："一颗沙中看出一个世界，一朵花里看出一个天堂，把无限放在你的手掌上，把永恒在一刹那间收藏。"有一些流传很广的译法更加优美，例如："一花一世界，一沙一天国，君掌盛无边，刹那含永劫。"从准确度上来说，王佐良先生的翻译或许更好："从一粒沙看世界，从一朵花看天堂，把永恒纳进一个时辰，把无限握在自己手心。"又如梁宗岱先生的译文："一颗沙里看出一个世界，一朵野花里看出一座天堂，把无限放在你的手掌上，永恒在一刹那里收藏。"

　　徐志摩先生的译法更加简洁："一沙一世界，一花一天堂。无限掌中置，刹那成永恒。"显然，从诗或文字的使用来看，他的觉悟蛮高，他也提到了在不同译文版本中反复出现的词——"刹那"。"刹那"与"永恒"存在着极大的反差，包括沙和世界，花和天堂，都是如此。

　　在这些非常有趣的对照中，也可以看到在人类学背景中所存在的悖论或者说张力。在此，我们并非单纯地提倡一种文学思维，而是试图强调与之相呼应的人类学议题，在理论与经验的张力中所蕴含的一种思考方式。

人类学的经验性底色

人类学的底色，是经验性的。因为它和普通民众的生活直接相关。

正如格尔茨对维特根斯坦（Ludwig Josef Johann Wittgenstein，1889—1951）的引用所说，我们需要"在有摩擦力的大地上行走"。出于对彼时欧洲分析哲学的不满，维特根斯坦开始反思：我们以前不过是在冰面上行走，越使劲儿可能越是要摔倒，连站都站不稳，更不要说行动。因此格尔茨提倡，我们需要在有摩擦力的大地上行走。

格尔茨说，人类学——或者我所理解的人类学——正是在这个意义上真正执行了维特根斯坦的建议，在有摩擦力的大地上行走，因为我们是直接去经验一个文化，直接去经验一个人群。我们在一个地方生活、行动，我们是在一个具体的地方（local）去执行。

仔细去读一个好的人类学研究，我们会发现，它的这种"地方"性是很强的。"地方"这一概念是说，我们对一个具体的空间非常关心，我们的研究一定是在非常具体的地方发生，具有强烈的地方感。为什么一个人类学作品要花相当多的篇幅交代作者是怎么去的，怎么做的，这个地方是怎么回事？其实这些所有的东西都是在告诉你，他是在一个具体的地方、一个空间里做研究。也就是说：他具体的经验、具体的生活、具体的感受，不是他编造的东西，不是一个纯粹构建性的、概念性的东西，而是真实的生活，是切实的经验。

这一点可以对应到前面我们讲的人类学兴起的背景，它强调直接经验。我想在这里再次强调，这也是人类学之所以成为我们今天所理解的人类学的一个关键点，甚至有的教材会把田野工作作为人类学的一个区别性标志。但在我看来这可能是不够的。因为，研究方法不能够定义一个学科，或者说，研究方法不足以证明一个学科。

我们可以有独特的，或比较重要的研究方法，或比较看重的研究方法，但方法本身是可以被所有人用的。我想说的是，今天我们看到的人类学家田野工作的方法可以为别的人所用，社会学家，甚至历史学家，任何学科的人只要他们想用都可以用。我们看到，他们确实也在用，而且从某种程度上讲，他们有的人用得比我们还好。我在想，如果我们以方法为界限的话，可能到最后，真的会失去我们的学科贡献和特征。

虽然我们的思考基于最直接的地方经验，而非间接经验，但实际上，我们的思考一直要求超越地方局限。这里说的超越地方，不仅仅是在行政区划的意义上的超越，而是在整个思考层面上的超越。当然，也包括了对一个具体的地理或者行政区划的超越。更重要的是，我们的思考虽然是一个微小的东西，一个具体的东西，一个地方的东西，但我们的眼光、我们的关怀，是世界主义的。

所以你会发现，人类学很奇怪，一方面它是地方的，另一方面它又是最世界主义的。虽然我们研究的可能是特别偏远的一个村庄，甚至这个村庄，或者一个部落只有极少的人，几十人，几百人，几千人，但我们思考的却是一个全球性的问题，甚至还超越时间的维度。

人类学的宇宙性关怀

刚刚讲的只是一个地理和空间的维度。如果说我们要超越时间的维度，我们想的是什么？是一个"人"的问题。

早期古典人类学家的根本关怀就是人，尽管很多时候是在讨论文明的进程，或人的历史发展过程。不过，连人或者人间社会都不应该被局限为我们理当思考的范围。所以最近二十年，人类学界出现了一个转向，即所谓的"本体论转向"。对这个转向，有不同的理解、不同的方面，但我在这里强调的是其中的一个维度，即我们注意到人不是唯一的、本体性的存在。我们意识到，我们如果想要更好地理解人的话，需要去理解非人。

也是从这个意义上来讲，我非常关注，这些年无论是在欧美学界，还是国内，有那么两三位年轻人在做的研究。比如说，目前在伦敦政治经济学院读书的周雨霏，她在做藏獒研究。我关心的不是藏獒本身，虽然我也喜欢藏獒，而是她如何试图去通过非人以及非人与人的关系，帮助我们去思考。你会发现她这个维度，或这个范围，远远超过我们的地方，超过具体的、直接的经验。

在本体论转向里面其实还有一个很有意思的话题——泛灵论。泛灵论，它的最核心的东西是什么？我觉得，它强调，我们的思考不仅仅是对个人、对群体的，对可见的直接的经验的讨论，还需要把人与非人、人和自然界、人和非自然界，或者超自然界等，全部纳入我们思考的范围。当然每一个人都有自己的研究重点，不可能涉及所有问题。我只是想说，我们可能做的是具体的研究，但是我们关怀、参照的体系应该是宇宙性的。

这听起来有点抽象，其实我主要是想强调，一方面，我们需要承认现代的人类学研究做得越来越小，越来越碎片化，但另一方面，我们不能因此放弃掉那些看起来微小的、碎片的东西，因为那些微小的、看起来碎片式的经验，虽然微小，却并非不重要。什么意思呢？这里面可能涉及一个基本的认识论问题。

前面说过，"我们关怀、参照的体系应该是宇宙性的"。也就是说，要"宇宙性地思考"（thinking cosmologically）。怎么能够把握宇宙性？你会发现，它是无法把握的。就像布莱克诗里面写的，要认识这个世界，怎么可能？这个世界如此巨大。要去认识天堂，怎么可能？你说我想要去把握永恒，那岂不是胡说吗？你怎么能够把握住？你怎么能够把握你不能把握的东西？

实际上，反倒是我们先把握住能把握的。既然我无法把握永恒，那我就抓住那个刹那。虽然刹那你也抓不住，至少你可以有意识地观察或体会这一刹那，在短暂中去体察。虽然你无法看到天堂，但是你可以从一朵花的美妙中去关联到，或者至少想象美好的天堂。

再比如，我们说宇宙体系是几十亿光年。你可以说，小小的地球，小小的中国。这个小小的，是相对一个庞大的宇宙来说的。那么，我们真正能把握的是什么？可能就是你身边的方圆之地，你真正能够去理解的，或者不敢说完全理解，但能感知到的，不过是你身边的人和事，非常有限。但正好是在有限当中，你才能够去把握无限。

微小，但并非不重要，这实际上也是我在这里想再次强调的。我们一方面需要看到人类学者所面对的可能的问题和限定，但另一方面，绝对不能够放弃我们的经验性。因为我们一旦放弃了经验性的过程，就会发现我们连一脚之地都没有了。再用另外一个比喻来描述前面的两个张力的话，人类学研究，在我看来一个方面要"顶天"，"顶天"的意思就是说，要是宇宙性的；但另一方面，一定要"立地"，"立地"就是一定要站在坚实的大地上，这个坚实的大地正好是我们生活的经验，是我们具体的、直接的经验。

当然，有的时候我觉得，我们的研究常常是，既不顶天，也不立地，而是夹在中间，上不着天，下不着地，这是很尴尬的体验。我们在这里谈的是一种理想：我们要立地，同时要指向天，至少是，我们要参照到一个更大的范围。

这就进入到研究方法，或者研究方法论的问题。我强烈推荐大家去阅读一篇文章，是中国人民大学社会学系黄盈盈老师写的。她受的是社会学训练，做定性研究。去年12月，她发表了一篇文章《定性研究中的"开放性"思维与实践》[1]。她里面有一句话，我觉得很好，她说："不要在定性研究中找量，不要以定量的思维进行定性研究。"

我不知道各位你们怎么理解这句话。一个简单例子，很多时候，同学们的文章拿出去，有人会首先问你一个问题："你的样本是怎么选的？""为什么是这个而不是那个？"这当然是一个合法或者合理的问题。第二个问题是，为什么整篇文章只有两个案例或者三个案例，而不是更多？找三个、四个、五个，或者是说多少个？我希望大家在听到这种评论的时候，可以拿黄盈盈老师的这篇文章去为自己做一个辩护。当然，如果你的研究做得确实不好，那你就是强词夺理了。

黄盈盈特别留意到这件事，因为她所在的人民大学社会学系有很强的定量背景。正是在这种学习环境里面，她注意到这个问题。很多不理解定性研究的学者，出于好意，指出你的问题，在他们看来，你的研究只有一个个案，只有一个人，怎么能够说明问题？如果让我借用黄盈盈的这个回

---

1 黄盈盈：《定性研究中的"开放性"思维与实践》，《学习与探索》2019年第12期。

答，我可以说，你要把一个人说清楚，同样可以回答很多问题。当然，我刚才说，问题在于什么？很多时候我们自己的研究做得不好。为什么？因为我们连一个人也没说清楚，而且是连一个人的某一个问题都说不清楚，我们在细部上还不够细。

我们有时候看起来讲了很多故事，可故事都是碎片性的，完全没有意义。大家都经常有机会读到人类学学生的毕业论文，硕士论文、博士论文都有，常常会发现一个很有意思的问题，就是那些论文通常比别的学科的要厚。然后，我发现历史学学生的论文可能比我们的还要厚。在这个意义上，他们和我们面临一个同样的批评和指责：我们的文本里面充满了故事。我们的故事很多，但我们的材料其实没有任何意义。

人类学应该讲故事，人类学应该讲经验，应该讲得细致。可是这些材料一定是要有意义的，一定是要与你要探讨的问题相关的，一定是要能够展现出你要去探讨的问题的。否则的话，那些材料是没有关联的。

我这些年读到一些论文，包括最近读的一系列毕业论文，可能有八万至九万字，平常的十万字的都有。但你如果认真看的话，里边很多的素材，可能超过三分之一，甚至更多的，都可以直接砍掉的，没有意义，和作者要探讨的主题没有关联。也就是说，里面堆了一大堆东西，可是都是废话。

我同意有的朋友对我们的批评。不是在方法论上，而是我们自己的写作、我们的研究确实不够好。但是从方法论的角度来讲，我完全同意黄盈盈老师那篇文章所谈到的东西：不要在定性研究中去找定量，或者说不要以定量的思维进行定性研究。

经验性，而不是经验主义

再回到前面所说的"微小，但并非不重要"。

我们坚持，人类学的基础就是它的经验性，绝对不能丢掉。如果丢掉，只是悬挂在半空之中，没有任何的落地之处，在很大程度上，人类学就变成了空谈。

空谈的东西不是，至少不是我们现代意义上的、社会科学意义上的人类学。你可以说它是人类学，它可能是一个哲学意义上的人类学，是一个神学意义上的人类学，但不是现代社会科学意义上的人类学。

所以，我们今天，包括中文学界在内，有些文章看起来怪怪的，它的题目甚至都会明确讲是人类学，但你读来读去，却找不到那种感觉。这自然有很多原因，其中一个原因在于，这些作品其实在很大程度上已经脱离了人类学认可的一个基本标准。

当然这并不是说，每一篇人类学的文章一定全都是经验材料，我们也可以进行理论性的探讨，这没有问题。但我们的理论探讨一定是在经验的基础上。我觉得，在这个地方，特别要小心的是什么呢？那就是，我们很多时候错把经验性等同于经验主义了。

比如，我们常常会听到这样一些说法：你没有资格来批评我，因为你没去过那里；你没有资格来批评我的研究，这是我的经验，这是我的描述。因此，是不是说，我的经验和我的描述，就变成权威性的叙述了呢？这是另外一个很值得探讨的问题。

比如说，我是土家族，因此我天然便具有对土家族的知识和理论权威和经验？不是这样子的。你是汉人，并不意味着你对汉人就真的了解。所以我们常常说，对"家乡人类学"，有的时候要小心：不是说不可以做，肯定可以做，有的做得非常精彩，但我们也要小心，不要因为自己的身份、自己固有的经历，就界定自己是权威。这其实就是某种经验主义。

我们以我们的某种经验作为权威的标准，甚至还振振有词说："你没有任何资格来批评我。"但当你要拿出来，去和别人分享你的研究时，你是拿到公共的语言中去。你在和别人探讨的时候，就不能够仅仅是自说自话，而需要把你的经验性的东西转换成可以去交流的语言。很多时候，你会发现这是很艰难的一件事情。

一方面，我要强调，要特别小心，不要落入经验主义的陷阱。前面我已经提过，维特根斯坦说的，我们要前行，要在有摩擦力的大地上行走。人类学一旦失去其植根于日常生活的感知能力和经验性，也就不再具有回应人类核心问题的知识冲击力，不过沦为另外一种思考和言语的游戏。但是老实说，我们游戏的水平可能不那么高，这就难怪别人看不起我们。

我们看重的是理论的生成过程，以及生成这种理论的人类学家他们又是如何生成的。我强调，要从社会史的宽度、思想史的高度和个人生命史的温度这三个维度来考察这个过程。

在这里，还要强调一件事情。如果说，我们过去讲，人类学的田野工作是"往来于自我与他者之间"的话，那么我觉得，在学科思考方面，我们常常是执于一端：要么过于强调我们的经验，要么过于看重纯粹抽象的理论。我们需要与任何一个学科、任何一个方向的人进行交流。但是，一定要知道我们自己的特点，我们的贡献在哪里，独特位置是什么。

为什么是往来于经验与理论之间？

要知道，我们的直接经验不光是有限的，有的时候可能还是错的。比如说，你二十年前对农村生活有直接的经验，你不能够因此就说，你对农村真的就很熟悉，今天你还用二十年前的经验去理解它。

很多年前我听到一个故事，有人问一位号称人类学家的前辈说："你写乡村的问题，为什么不到乡村进行田野研究呢？"他的回答应该是非常典型的，他说："我从小就在农村长大，我不需要去做农村的田野调查，因为我太熟悉了。"

这其实就是一个典型的经验主义的错误，而且我觉得很可惜：如果我们的学者都是这种态度，那么我们的研究怎么可能有推进，我们的思考怎么可能有推进？

你写的东西可能还是二十年前的，我不是说你二十年前的经验是完全错误的，那个时候可能是对的，但并不能够因此来说明，它对现在的情况依然有效。甚至二十年以后，你对二十年前的经历的回忆，本身就可能是经过"编辑"的，已经失真，已经有问题了。

因此，我们为了应对自己有局限的经验，就需要大量阅读，需要去读别人的东西，你就要去做更大量的文献梳理，需要进行一个广义上的理论思考，才可能纠正经验上的不足，才不至于闹笑话。

生成性的经验与理论的生成性

这里面有个很关键的问题：经验是生成性的，是不断涌现的。

这句话是什么意思？这话其实是想说，所谓的经验是对现实世界的经验，而现实世界本身是有限制的。无论你从哪个哲学传统说都是如此，比如我们熟悉的马克思主义传统就认为，世界唯一不变的性质就是它的变化。所谓"变"的意思就是，它不断地涌现一些新的方式、新的面向。

我们也是从这个意义上来说，现实世界是生成性的。进一步来说，理论必然也是生成性的，因为理论是对经验的一个提升，经验是对现实世界的感知和把握。

当然，我在这里想说的是，我们没有必要去迷信任何一个理论，没有必要去迷信任何一个理论家。我们会发现，他们不过也就是在他们那个时候，对他们所面对的时代涌现出来的经验，进行了一个阶段性的，或者有限度的理论探讨。从这个意义上来说，我们每天都在面对生活世界，生产出新的理论。

总之，第一，不要迷信任何书。

书本上的理论往往是，今天很多人似乎是把一些历史人物拿回来，或者用他们来替自己说话，所以那些理论就不断地生发出一些新的涵义来。其实，可能那些历史人物，他们自己从来没那么想过。我们要阅读他们的经典作品，但我想要说的是，有的时候要小心，不要过度阐释，或只是让死去的人替我们说话。我们有的时候其实在很大程度上是拉着虎皮做大旗，不过是为了要证明自己的权利和自己观点的合法性。

第二，我们越是去思考那些所谓理论，就越会发现，其实生活才是更真实的现实，所有理论都不过是在努力描述它。

今天，我们可以说经典（人类学的经典）中似乎有大量的地方值得商榷，但也有一些很精彩的东西值得我们去重新思考，经典中的问题，到现在我们并没有很好地回应。或者说，早些时候人类学家提出的问题，在几十年后，我们有的时候其实早就忘掉了。

比如说，我刚提到的，早期人类学，它有很强的对历史、对文明、对人类的一种关怀。可是到今天，我们的很多人类学或者人类学家早就被淡忘了。当然，不存在一个理论过时不过时的问题，只是理论有没有解释力、能否帮助我们更好地解释生活经历的问题。

经验和理论从来都不是，也不应该是一种单向关系，无论是从哪边开始。

穿行：人类学田野工作的几点想法 [1]

几周以前收到邀请，要我讲一些人类学前沿研究。

我想，人类学当然有一些相对比较重要的新近发展，比如说现在人类学最热门的，一是本体论转向；二是有一定相关的，但是还不太一样的伦理转向。过去其实不怎么讨论日常伦理，而且人类学讲的伦理与哲学维度伦理学的伦理还是有差异的。人类学想强调的是在日常生活当中的这种实践伦理，而不是作为一种规范的伦理体系。所以，不是你应当如何做，而是事实上人们是怎么做的，在具体生活场景中如何展开伦理行动。

1 本文原为 2020 年 11 月 6 日在华东师范大学社会发展学院"社家讲坛"的讲座稿，感谢孙攀搁根据录音整理成文。收入本书时略有修改。

这是文化人类学两个比较重要的前沿发展，我后来考虑还是不讲了。原因有两点：一是我自觉读书不够深入，虽然当下我们也在开展相关研究，尤其是伦理方面——由于国内宗教研究存在困难，这两年我逐渐转向日常伦理研究；二是我估计大部分同学并非人类学专业，直接讲这两个转向，与大家的关联度不高，同学们可能仅仅听到一些概念和名词而已。

当然，本来我也可以介绍一些人类学当前最新的发展。有一些话题是挺有趣的，比如对盖亚的讨论，可能做城市区划、地理学的同学知道，盖亚，是希腊神话里的大地母亲。这些讨论有一个背景，就是当下的环境破坏、生态破坏，所以要重新反思人与自然的关系，或者说人在自然界当中，应该处于一个什么样的位置。

事实上，广义的人类学，还有一个前沿，这些年国内讨论得特别少，但我觉得非常重要，就是生命科学，特别是神经科学。

我们过去在谈人的时候，我们会说人的基础是生物的，也就是说，人既是体质的（physical）或生物的（biological）的，同时也具有一定的文化属性。但这些年，神经科学的新发展，对什么是文化、什么是社会、什么是人，都有非常多的挑战。当然这个挑战不仅仅是对人类学，对几乎所有的现代社会科学，包括哲学，都有非常大的冲击。我们原来的框架是在一个传统知识框架之中，而神经科学的发展使我们意识到原来很多概念是不能用的，需要重新去讨论。

中国的人类学实际上处于一个很尴尬的局面，我们号称的人类学，其实是一个片面的人类学。也就是说，我们没有接触过比较系统的语言人类学训练，也没有接触过比较系统的体质人类学训练，连考古人类学的训练也几乎是没有的。所以这块我根本不敢讲，也没有这个资格讲。

但我一直认为，如果我们的同学里边，有人是从人类学转到生命科学的话，那将是一个很值得去深入挖掘，也是一个可以做出很多东西的领域。

作为人类学研究根基的田野工作

后来想一想还是讲最基本的。最基本的不一定是最简单的，更不是最容易的。事实上，很多东西越基本，就越难讲，或者说不好把握。你以为好像很清楚的概念，其实并不那么简单。

比如说，田野工作，从词汇的角度来说的话，可以翻译成实地调查。按照实地调查的角度来说，在这点上我基本同意武汉大学贺雪峰老师的一个观点，他说中国现代的社会科学谈实地调查，都有必要去了解一下毛泽东当年怎么做《湖南农民运动考察报告》，这个报告值得看。

这个观点不光贺雪峰老师这样说。差不多二十年前，也就是 2001 年，中国社会科学院农村发展研究所于建嵘老师出版了他的博士论文——《岳村政治：转型期中国乡村政治结构的变迁》[1]。这本书很有意思，将近一半的篇幅是他的田野笔记。这是在中国的政治学研究中，就我自己所知道的范围来说，第一次这么有意识地系统使用田野考察或者说实地调查的东西，同时还把田野调查文本直接放在书里面。于老师早期做过律师，参与了很多社会活动。于老师当时也说过类似的话，甚至在他的书里面大量引用毛泽东的《湖南农民运动考察报告》。

谈到这里，我想起来了一件二十年前的旧事。当时是和一位主要做文本研究的学者交流自己的研究。他听到后的第一反应是说，我们研究的这些农村问题哪里需要做调查，不用做调查也可以做人类学的研究。我就问他为什么，他说他小时候就是在农村长大的。这种观点值得一说，因为他认为，他在那里长大的，就不需再去进行调查，完全没有必要。事实上，不要以为田野工作或者实地调查特别简单。不过，在另外一方面，我们也看到，田野工作被一些人说得特别玄乎，花费很大的力气非要拉扯上哲学问题。

我想说，很多时候我们把田野工作提升到了一个过于抽象、充满哲学意味且高度现象学化的层面。我们需要去了解那个高度，因为整个现代的社会科学，特别是人类学，很大

---

1 于建嵘：《岳村政治：转型期中国乡村政治结构的变迁》，商务印书馆，2001 年。

程度上受现象学影响。其实田野工作的关键是"做"，而绝非空谈。但是反过来，我同样完全不能接受这样的看法，就是认为田野工作只是一件特别简单、特别容易的事，什么人都可以做，什么人都可以做好。应该说，我基本同意田野工作什么人都能做这一点，因为只要你愿意，就可以做；但是，是不是能做好，那就大有差别了。

去年看到一篇文章——《定性研究中的"开放性"思维与实践》[1]，相当不错。作者是人民大学社会学系的黄盈盈老师，性社会学最有代表性的研究者之一。在这篇文章里，她有一个很有意思的提法，"定性研究中的'开放性'思维"。她提到的一种现象是，很多人，无论你是社会学、人类学还是其他学科的学者，在做定性研究的时候，实际上是用定量的思维在做。大家可以细细揣摩这句话。举个例子，做定性研究的人常常会被问到"代表性"的问题，或者个案与整体的关系是什么；还有就是，从这个个案能不能推论到其他。

在黄盈盈看来，这其实就是一种典型的定量思维。定量思维实际上比较符合我后面要提到的田野工作以及现代社会科学兴起过程中受自然科学，特别是受实证主义的影响的情况。它的基本设想是通过大量个案，最后总结出一个规律或者结论。这种思路下的研究设计肯定要强调代表性问题。定

---

1 黄盈盈:《定性研究中的"开放性"思维与实践》,《学习与探索》2019年第12期。

量研究多依靠数学逻辑抽取样本，但如今，很多定量研究缺乏足够的训练，数字成为被摆布的对象。今天，再去争论定量和定性的对错是无谓的，具体的方法应当取决于不同的研究对象和研究课题。实际上，定性和定量这两种思维在某种程度上也需要相互借鉴和尊重彼此。

现代社会科学中的田野工作，是作为博物学的延伸而出现的，而非人类学的专利。博物学兴起于十九世纪中后期的欧洲，其中最著名的博物馆就是大英博物馆。为什么？因为彼时英帝国正处于鼎盛时期，运用大量人力、物力去搜集各种藏品。《植物大发现：黄金时代的图谱艺术》[1]和《植物大发现：植物猎人的传奇故事》[2]这几本书就曾提到这些问题。按照今天的标准来说，那些"植物猎人"都是间谍，例如"偷"茶叶的苏格兰植物学家福琼（Robert Fortune, 1813—1880），大英博物馆里有关于这一事件的专门介绍。当年福琼在安徽一带想办法把茶叶种子带回英国，却发现在英国本土没法种，最后只能到英属殖民地——印度的阿萨姆邦去种，所以现在印度是中国之外的主要产茶地之一。

最初，田野工作并非人类学的专利，而是当时欧洲知识界了解世界的重要方法，是带有认识全世界野心的"帝国之

1　［英］马丁·里克斯：《植物大发现：黄金时代的图谱艺术》，姚雪霏、卓静娴、李飞飞译，人民邮电出版社，2015年。

2　［英］卡罗琳·弗里：《植物大发现：植物猎人的传奇故事》，张全星译，人民邮电出版社，2015年。

学"。这种研究方法要求在观念性的推演、思考和讨论之外，去进行实地的调查、搜集和整理，博物学和博物馆正是在此过程中发展出来的。

当时英国人在来中国搜集杜鹃花的过程中发现，云南有很多的杜鹃花，于是就询问当地人原因。纳西人就指点他一路沿着丽江跑到最高的雪山上去，在这个追溯植物的过程中，英国人竟然偶然发现了纳西王国，尤其是现在所说的香格里拉。当然，学术界一般认为那个地方不是今天的云南迪庆藏族自治州首府香格里拉市，而是四川甘孜藏族自治州稻城县的香格里拉镇。这也可以理解，为什么今天中国人类学开始重新提倡回到当时英国的视角，去认识全世界。同样地，这也是很多学者主张海外研究的原因。今天的中国希望去更好地理解世界，这是一种正当的诉求。

除了博物学和英国殖民扩张的背景，田野调查的出现也离不开欧洲哲学的发展。众所周知，欧洲的自然科学源于哲学，尤其是神学。在自然科学突飞猛进的时代，一批对人类社会感兴趣的学者，开始尝试用自然科学的逻辑和方法去理解人类。十九世纪中后期，整个现代社会科学体系发展起来。正是在此背景下，人们开始采用新的技术手段和研究方法。

为什么田野工作好像成为人类学的专属呢？这就涉及当时欧洲知识界，人类学和社会学在研究对象上的分工：社会学研究欧洲，人类学研究非欧洲。这里的欧洲，是一个比较狭窄的概念,主要指西欧,并不包括东欧或者北欧。社会学早期在法国得到发展,德国发展较好的是民俗学,这一趋势后来蔓延到北欧,尤其是芬兰。在当时,西欧之外的社会都是所谓的"化外之民",民俗学和人类学都研究西欧之外的地区。如果说民俗学主要关注北欧或者欧洲边缘的话,人类学就偏向非洲、南太平洋岛等地区,包括远东的中国、中亚。在这些地方调查,会面临很多语言和生活习俗上的挑战,这些特点逐渐就造成了两个学科之间的差异。

由于对象的不同,人类学对异文化的调查需要经过转译的过程,使不同文化体系之间能够相互理解,这个过程也是两种知识体系的交锋。转译有很多方法,其中一种就是把收集来的材料简单按照欧洲的知识体系进行分类,尤其是以进化论的视角,从低级到高级、从简单到复杂,对人类社会进行排列。很多早期博物馆,都是这种罗列方式。

比较特殊的是德国的地理学传统,它比较强调空间上的差异,而不是时间上的差距。德裔美国历史学家魏特夫(Karl August Wittfogel,1896—1988)就是受到德国传统的影响,提出了"水利社会"的假设,来解释为什么中国这么早就发展出中央集权的体系。他认为关中地区就很少有大型的水利枢纽,因为这需要中央"集中力量办大事"。

他者与自我、经验与理论、微观与宏观

田野工作的展示方式就是"民族志"，或者说"文化志""民俗志"。它要求人们以较为系统的方法或方式，把观察到的人群、文化完整地呈现出来。早期的民族志就是如此，这就带来两个方面的问题。

第一点是田野调查的地点。早期几乎所有的民族志都会交代田野的地点，越远、越奇怪的地方越好。越是调查习以为常的对象和地点，越像是社会学的研究；越是遥远、"野蛮"的地方，就越有人类学的味道。

第二点就是田野调查的时间。对人类学来说，田野实践是很重要的一个参照。人类学家通常鄙视短时间的调查，这似乎是不可思议的。但问题在于，什么是标准答案，是一年吗？这种对时间长短的计较，背后其实有一个假设：你在一个地方待的时间越长，你对那里的文化的理解就越是比别人透彻。但是很多时候，两个人同时去一个地方，待了三天的人比留在那里三年的人收获还多，这可能又关乎个人的理解和调查能力了。除了时间长短，还有次数的问题。很有可能，每去一次都会有一些新的观察和感受。

在学科讨论里，经常有一个概念区分："这里"和"那里"。人类学家常常有孤胆英雄的幻想，去那种很偏远、很"野蛮"的地方，然后把一个故事带回来。其实很多时候，田野调查不是这么简单。这就是方法论上所谓"主位"和

"客位"的提法。人类学前期关注异文化，以至于有"他者"或"他者性"（otherness）的概念。这个"他"不仅是一个对象，更是一种普遍的知识体系。对研究者自身所从属的知识体系来说，这套知识体系是一个挑战，这就是"他者性"在方法论上存在的价值。

法国社会学家布尔迪厄（Pierre Bourdieu，1930—2002）的研究有一个有趣的地方：他既是投入的，也是抽离的。从这个角度来理解，人类学或者现代社会科学的科学性是什么？它是科学，还是艺术？可能同时兼具。德裔美国人类学家弗朗茨·博厄斯（Franz Boas，1858—1942）早就说过，我们做研究的时候需要一种冰冷的热情。当你做分析的时候，你必须是冰冷的，而当你参与或观察的时候，你必须是热情的，要把自己带进去。

现代社会科学的源头，就习惯于借鉴自然科学这套思路，因此整个社会科学有强烈的实证主义倾向。也就是说，田野作品变成一个极端的经验产物，我们不再相信其他的东西。这种经验主义是需要去抵制的。

为什么要抵制极端的经验主义呢？

第一，我们对经验的把握是片面的，有问题的。比如有些人说自己从小在农村长大，因此不需要去农村做田野工作。这意味着，他把过去的经验当成全部的经验，以片段的经验代替全部事实。进一步来说，我们所有的研究其实都只是片面的经验，都是在特定范围的区域内完成的研究。

第二，我们对不同经验事实之间因果关系的把握很多时候也是不准确的。为什么？因为自然科学的理念最早是一种实验科学，它的特点就是要可控，控制特定的变量之后，看变化的要素之间是否存在什么关联。这就会出现一个因果链条，即某个原因导致了某个结果。但人类社会的问题就在于它的复杂性，这个因果链很多时候并不那么清晰。现实很可能是，你所认为的果是另外的因所致，实际上它们并不真正相关，定性研究和定量研究都有这样的问题。

要想克服这两点问题，就要反思"经验即现实"的观点。每天都有新的经验涌现出来。我们自以为有了足够多的数据、笔记和细节，就好像把握到了经验，这是有问题的。我的意思不是要消解经验研究的意义，而是提醒大家，启蒙运动以来的一个重要问题就是人对自身理性的过度自信，这种过度自信几乎渗透到所有的学科。如果不加反思，就会导致一些非常大胆的结论和假设。

做理论的社会学家，看人类学的作品会觉得细节和材料很丰富，但也只是一个故事。这里存在一个误解，就是刚才所提的极端经验主义。很多人认为田野工作只是收集资料的一种方法，但实际上并非如此。人类学的田野工作，很多时候会发现和挑战自己的认知体系，挑战原有的观念。在人类学的田野工作中，学生可能很痛苦，因为原有的研究设计和大纲全部被推翻了，而实际上这恰恰说明你开始反思原有的一些假设。

举一个具体的案例。多年前，国内的人类学和社会学开始研究临终关怀，我就带着两个学生去医院接触艾滋病感染者。虽然在常识上都知道和艾滋病人一起吃饭、拥抱是没问题的，但当时我们都有强烈的恐惧感。回去后，学生告诉我，自己后来洗澡洗了二十分钟。第二天，我们交换观察笔记，他们的笔记都写得挺好，于是我问他们，你们有没有注意到病人床头的一个挂历？他们都说没注意这个细节。我问："那挂历上面有什么？"他们说："挂历上面难道不是年月日吗？"我问："挂历的画是什么？"他们都想不起来。后来我告诉他们，这是基督教常用的挂历，它的颜色是基督教会才会用的红色。

我讲这个案例不是想说我很厉害，而是因为我对这个比较熟悉，而学生们的知识结构中没有这个东西，所以他们虽然目光扫到了那些事物，却没有真正记住它们的存在。所以说，田野工作不只是搜集资料，也是带着一套知识体系进入另一个群体当中，并挑战自己知识体系的过程。经历这种挑战的知识，才是有生命力的知识。田野调查不会容易，因为没有人愿意改变自己，我们都有自己的偏好。

我们看人类学作品的时候，会留意到人类学家喜欢讲故事。事实上，人类学家不仅需要"讲好"故事，还要讲"好"的故事。故事要讲好，不仅要有逻辑，首先是要有感情。一个反例就是期刊论文，它们比较重视逻辑，是无感情的写作。

第二，要把自己作为方法，以个人的身体去实践。比如，做藏区研究，你就必须去呼吸一下藏区的空气，感受那里的风土人情。人类学家是与人打交道的。人类学不是书本能教出来的，而必须是做出来的，否则只能永远停留在概念和数字上。田野工作最主要的研究工具，就是你自己，这也就造成了很多人类学作品会讲特别琐碎的事情，因为人类学通过关注简单的、琐碎的事情，来发现人们认识世界和展开实践的方式。

第三，要沉浸式地进入。所以，人们习惯用时间来衡量田野工作的效果，这种要求假定，你沉浸得越久，收获越多。人类学的田野工作追求的是整体性的把握，它超越了人和社会，包含了地理环境、生态系统，即所谓非人的体系。人类学最前沿的两个转向之一，是本体论转向，它意识到人是行动者之一，并不是宇宙的唯一中心。《森林如何思考》[1]、《末日松茸》[2]这些书，都试图强调这一点。

我们所讲的整体包含着人与非人、自然与超自然的整体。因此，"宇宙"可能更加合适，它比社会更加立体，社会是人与人借助关系构成的，宇宙则涵盖了人和非人的存在。

1　［加］爱德华多·科恩：《森林如何思考：超越人类的人类学》，毛竹译，上海文艺出版社，2023年。
2　［美］罗安清：《末日松茸：资本主义废墟上的生活可能》，张晓佳译，华东师范大学出版社，2020年。

穿行于时空、田野及他我之间

最后，回到"穿行"这个题目，它的意涵其实就是经常性的来回，它强调不断地、经常地、持续地来回。

大概十六年以前，庄孔韶老师编了一本关于人类学回访研究的书，书名就是《时空穿行》[1]。在我的理解中，穿行不仅仅是时间和空间意义上的穿行，还包括人与非人、社会与自然界之间的穿行，同时是不同知识体系间的穿行，自我意识上的穿行。它不断提醒我们，今天和昨天的经验是不同的。无论是做研究也好，读书也好，每天都有新的变化，都是值得期待的旅程。

在这个意义上，田野工作其实是一个发现的历程，研究者自己就是最关键的发现者。也许我还没有去那个村子，或者已经去过一次或多次，甚至离开了，可是，如果我一直在不断思考和阅读这个村子，我们其实已经在开展田野工作了。

田野工作不仅是我们到达一个空间意义上的地方，还要在这个地方挑战和发现新的自己。身体的卷入是有价值的，知识不仅是写出来给别人看的，更是刻画在自己心里的。希望我们都能自觉地卷入这个世界，去体验它的瞬息万变，共同穿行在"宇宙"这个剧场。

1　庄孔韶等:《时空穿行：中国乡村人类学世纪回访》，中国人民大学出版社，2004 年。

身份自觉与田野反思 [1]

二十世纪八十年代以来，各地城乡出现了不同程度的"宗教复兴运动"，一些观察者甚至提出"宗教热"这个命题。随着宗教问题的日益凸显，人们对现实宗教状况也越发关注。

从社会治理的角度来说，政府部门需要了解和掌握各种宗教的发展现状及趋向，以提供更好的社会服务和管理。事实上，已有的实地调查研究中，有相当大部分是由政府相关部门所实施或推动，因此，不少已有的调查研究表现出比较浓重的政策研究性质。不少原本主要从哲学、宗教学、人文

1 本文原题《身份自觉：经验性宗教研究的田野工作反思》，原载《广西民族研究》2007 年第 2 期。收入本书时题目和内容略有修改。

学等角度研究宗教的学者也有意识地展开了一些经验性研究（empirical studies），如陈村富教授、杨慧林教授等。近些年来，越来越多的受过社会学、人类学、心理学等社会科学训练的学者也进入到宗教研究的领域里来，为经验性宗教研究带来了一些新的角度和方法，研究的数量和质量也都有所提升。

尽管出于某些原因，公开发表的实地调查报告并不太多[1]。不过值得注意的是，2000 年以后，可见的实地调查报告的数量出现了一个令人关注的增长。这固然与社会的发展有直接关系，也说明进行经验性宗教研究的研究群体的扩大。在这些可见到的研究中，不乏相当深入、详尽的调查报告，但总体来说，不少调查报告或调查性论文在很大程度上都将实地调查单单作为资料收集的手段，一些调查报告甚至只是将所收集到的材料简单罗列出来。当然，必须承认这些资料本身具有重要价值。然而，从学术积累和发展的角度看，有必要避免这种简单的重复。

人类学认为，实地调查或田野工作，不仅仅是资料的收

1　相当多的研究成果表现为内部报告，公众难以获得，事实上，甚至不同部门之间也难以做到资源共享。这相应地也产生了一个问题，即大量的简单重复性调查，在一定程度上造成了资源的浪费。但是，需要承认的是，无论如何，所有这些调查仍然是有重要意义的，至少收集了大量第一手珍贵材料。只不过，我们需要考虑如何整理、分析和利用这些材料。换言之，考虑资料的积累如何能产生最大化的社会效益。

集本身，而且是研究过程的一部分。田野工作不仅是一种方法，也是一种方法论。换言之，研究者一旦进入田野，就已经开始了其经验性研究。[1] 而在田野工作过程中，研究者的身份问题凸现为一个必须面对的问题，因为研究者的视角会在很大程度上影响他所观察到的"事实"。如果我们假设确实存在一个事实的话，那么我们所采用的"眼镜的色彩"会过滤掉一些"事实"，被观察到和记录下来的往往是已经过选择和裁减的"事实"。

这要求研究者对此有所意识和警觉，从而避免出现以某种先入之见去寻找支持性证据的陷阱，或所谓结论先行的问题。研究者必须避免用自身对世界和事件的主观观点，取代被研究者自己的观点。[2] 所以，我们强调实地调查本身，不单单是资料的收集，而且是研究过程的一部分。这也要求研究者一直保持开放和谦虚的态度，在实地调查过程中随时调整自己的观点和方法。毕竟，我们试图达成的是对被研究群体的理解，在一定意义上来说，那也是一种"地方性知识"（local knowledge）。这还要求我们纳入被研究者自己的看法，以"本地人的观点"（native's point of view）描述和解释其

1　当然也可以说早在进入田野之前研究就已经开始了，预备进入田野本身也是研究，本文在此的提法旨在强调田野工作在研究过程中的意义。

2　杨善华、孙飞宇：《作为意义探究的深度访谈》，《社会学研究》2005 年第 5 期。

行动方式和社会生活。[1]

当然，这并不意味着完全摒弃理论框架和研究方法，而是说要意识到，研究者的知识背景和所谓常识（common sense）的自身限制有可能只不过也是一种"地方性知识"，因此不可以任意强加于被研究者的身上。

既然是"反思"，首先就是对自己的田野工作过程的反思。在研究天水基督教的过程中，我从一开始就注意到了自己的"身份"实在是一个需要考虑的问题。在村民眼中，我是一个从北京来的学者。对村民中的一些人来说，这是一个容易形成某种紧张关系的因素，一些人担心这是"从上面"来做"调查"的。而对另一些人来说，他们会心存"或许这个人能够帮我们反映情况"的念头，向你"诉苦"，甚至央求你捎带举报信之类的东西。[2]

不过，由于这里主要讨论的是研究者自己的身份体认可能对研究带来的影响，我们就不展开讨论在互动过程中被研

---

1 ［美］克利福德·吉尔兹：《地方性知识——阐释人类学论文集》，王海龙、张家瑄译，中央编译出版社，2000 年。

2 当然，这种"诉苦"与二十世纪五十年代的"诉苦运动"有相当大的差异。关于后者的精彩讨论，参见郭于华、孙立平：《诉苦：一种农民国家观念形成的中介机制》，载《中国学术》第 12 辑，商务印书馆，2002 年。

究者对研究者身份的认知。[1]据我看来，在田野工作中，研究者通常有以下几种身份意识：观察者、参与者、参与观察者以及观察参与者。[2]

作为观察者

实际上，研究者的身份问题所关涉的，是社会科学研究中的价值问题，这是社会科学方法论的一个核心问题，其中的"价值中立论"更是一个老生常谈的话题。

价值中立论是西方社会科学研究中带有唯客观主义色彩的方法论原则。其实质是，研究主体在依据自身的主观愿望选择了所要研究的问题之后，应客观地描述关于问题的全面资料和对这些资料进行分析所得出的结论，无论这些资料和结论是否与研究主体、社会或者他人的价值观念相冲突、相对立。需要指出的是，所谓价值中立论其实至少有两种不同的意涵：实证主义（positivist）的价值中立，与马克斯·韦伯的价值中立或价值无涉。但我们在使用"价值中立"一词

1　事实上，这是一个很值得深入讨论的话题，需要另外专门撰文，因为在一个文化场域中，被研究者对研究者身份的不同认知会影响到他的行动选择、叙述内容和方式。例如，研究者被视为代表政府了解"问题"的官员与作为进行纯粹学术研究的学者就会产生不同的场景和交往方式。

2　在宗教研究领域，笔者曾参与过一系列田野调查，包括杨凤岗、杨慧林主持的"中国市场经济和社会转型中的基督教伦理调查"研究项目，并承担了北方某沿海城市和西北某古城的实地调查任务。

的时候，常常不加分辨地混淆使用。

实证主义社会科学方法的形成，得益于近代社会科学试图将自然科学的研究方法移植到社会科学领域的努力。以孔德、斯宾塞为代表的实证主义思想家们认为，社会现象就是"事实"或"实物"，科学的任务就在于描述现象，从而发现事物之间重复出现的社会规律，经过归纳、提炼，最后形成一般性的结论。他们主张统一的科学观，强调自然界与人类社会有基本的连续性，社会发展过程在性质上与生物发展过程是相同的，社会现象不过是自然现象的高级阶段，生命是一个从最简单的自然现象延伸到最高级的社会有机体的巨大链条。因此，他们认为可以用自然规律来解释社会现象，并且主张用自然科学的模式与方法，来建立社会科学，保持价值中立。

另外，他们认为社会科学家的任务就是描述客观事实和寻求客观规律，强调研究结果的客观性及科学性。这种研究方法的意义在于，追求社会科学研究的客观性，从而使社会科学从神学及传统形而上学的统治下解放出来，成为真正的"科学"。但是，这种方法论的缺陷也是相当明显的，即混淆了社会科学和自然科学之间的界限，忽略了社会科学和自然科学的研究主体与客体之间关系的差异。[1]

---

1 赵一红：《浅论社会科学方法论中的价值中立问题》，《暨南学报》（哲学社会科学版）1999 年第 1 期。

尽管，这种实证主义的社会科学研究方法论受到了近代以来诸多学者的深入批评，但在当今中国，这个科学至上的社会里，仍然具有一定的市场。其在宗教研究的实地调查上的影响就表现为强调研究者乃是"观察者"（observer）[1]，是试图帮助深陷其中而不能自觉的宗教信徒个体和群体认识自己的"外来者"。这个观念显然来源于自然科学式的对物体的研究方式，视自己为"绝对客观"，并将被研究者客体化（objectified），使自己与被研究者完全抽离开来（detachment）。

将自己定位为观察者的研究者，在宗教研究的实地调查中往往会将其研究对象视为完全被动的（客观的）被观察者，剥夺了被研究群体或个人的主体性。这样的研究者所关注的问题通常是"我作为旁观者是如何看他们的"。因此，他们所描述和呈现出来的宗教群体和个体自身是没有声音的（voiceless），研究者成了他们的代言人，他们不过是研究者所看到的对象而已。

正因为这样，持这种观点的研究者认为如果要做到"客观"地研究某个宗教，就必定不能是这个宗教的信徒，因为在他们看来，一个宗教信徒不可能在研究过程中做到完全客观，不可能站在观察者或局外人的位置上对自己所持守的宗

1　宋蜀华、白振声主编《民族学理论与方法》，中央民族大学出版社，1998年，第171-173页。

教信仰进行考察和分析。但这样的看法其实建立在一个经不住推敲的假设之上，即一个非信徒的研究者就一定是"客观的"，因为他是价值中立的。但事实上，这样的立场并不能说就是"中立的"，而是已经先入为主，采取了否定和拒斥的态度，其实一点也不客观，或者说不过是"主观地以为自己乃是客观的"。[1]

项飙在反思自己对北京"浙江村"的研究时，有一段关于调查者身份的简要讨论，很有参考的价值：

> 我们只能在和对方的互动中认识对方……我初学社会学的时候就被告知，社会学调查者的角色是一个重大问题，如果由于你的进入，而改变了被调查者的当时的行为，那么你就只能得到假的信息……对强调"超脱观察"的理论，我是不理解的。如果认为以一个局外人的眼睛和耳朵就能了解一种生活，那就大错特错了。不真正卷入对方的生活，你就只能靠自己过去的生活经验来想象着解释它……时刻摆出局外人、客观观察者的样子，强调"我是来研究你们的，我和你们是不一样的"，

1　关于信徒和非信徒身份在宗教研究中的利弊，参见黄剑波：《往来于他者与自我之间：经验性宗教研究的问题及可能》，载《基督教文化学刊》第 11 辑，中国人民大学出版社，2004 年，第 261-274 页。

在一旁冷眼相看，恐怕更令对方紧张吧。[1]

其实，纯粹、绝对的价值中立就是在科学研究中也只是一种难以实现的理想，类似于乌托邦，而且正如希拉里·普特南（Hilary Whitehall Putnam）所说，从更高的境界来看，脱离客观性的价值只是主观价值，并不具有真正的价值意义。[2] 托马斯·库恩（Thomas Samuel Kuhn）以来的历史主义学派深刻地批判了科学的积累发展观，论证了科学理论的根本转变并不简单地只是对关于事实的增长了的知识做出的理性反映，而科学不同学派之间的转换更像是信仰的转变，没有太多的合理性基础可言。[3]

作为参与者

另一个可能的自我认知是作为完全的"参与者"（participant），换言之，完全融入和认同被研究者的群体生活和价值体系。

---

1 项飙:《跨越边界的社区：北京"浙江村"的生活史》，生活·读书·新知三联书店，2000 年，第 31—32 页。

2 ［美］普特南:《理性、真理与历史》，李小兵、杨华译，辽宁教育出版社，1988 年。

3 参见［美］库恩:《科学革命的结构》，金吾伦、胡新和译，北京大学出版社，2003 年。

在宗教研究中，通常的情况是作为某一宗教的信徒的研究者对本宗教的信仰告白式（confessional）的研究，当然也存在一些非信徒的研究者为深入和正确理解某个宗教而单方面强调被研究者的观点。对这样的研究者来说，他所关注的问题则是："我作为他们的一分子是如何看自己的。"

这其实可以说是与作为观察者的身份认同相对的另一个端点。在人类学的理论发展史上，这种观点的出现与后现代思潮中对强调科学和客观的现实主义民族志方法的全面反思有关。总体来看，反思人类学有两个重要的特点：其一，在认识论意义上，反对把人类学知识当成脱离于社会和政治经济之外的"纯粹真理"，承认人类学者在材料整理和意义解说上的主观创造性；其二，在研究和写作方法上，主张把知识获得过程中人类学者的角色作为描写对象，并给予被研究者自己解说的机会。

后现代人类学反思了传统的民族志方法，其主张被称为"实验民族志"（experimental ethnographies），有三个基本特点：其一，把人类学者和他们的田野工作经历当作民族志实验的焦点和阐述的中心；其二，对文本的有意识组织和艺术性的讲究；其三，把研究者当成文化的"翻译者"，对文化现象进行阐释。[1]

---

1 George E. Marcus and Dick Cushman, "Ethnographies as Texts," *Annual Review of Anthropology*, Vol. 11(1982), pp. 42−43.

具体到写作上，不少倡导实验民族志的人类学家建议，应当采用一种对话模式进行文化撰写。民族志作者不应远离其研究对象，而应置身于同研究对象的对话之中。因此，理想的后现代主义民族志应是民族志作者与研究对象之间对话的重构。[1] 一种比较极端的看法甚至认为，只有本地人才是解释自己行为方式和文化的唯一合法人。在宗教研究中，也确实存在这样的看法，认为只有信徒才能够真正理解某一宗教的内在特性和行为方式。

　　这种观点从理论渊源来说，可被归入与实证主义相对立的人本主义社会科学方法一类，深受新康德主义价值哲学的影响，主张在自然科学与社会科学之间作泾渭分明的区分。[2] 这种社会科学方法论认为，自然科学要描述事实，寻求一般规律，它不属于价值领域，与价值无涉；而社会科学则属于价值领域，研究任何社会现象都与构成这一现象的人的行为有关，而人的行动是在一定的价值观指引下和在一定的动机

1　William Haviland, *Cultural Anthropology*, Orlando: Harcourt Brace Jovanovich College Publishers, 1993.

2　康德认为，人类理性的法则有两个对象，一是自然，二是道德。自然哲学探讨"是"（be）的问题，而道德哲学探讨"应是"（should be）的问题。康德的这种自然科学与道德科学的区分，到了新康德主义那里，成了自然科学与社会科学分野的基础。新康德主义认为，自然科学属于可感觉的科学世界，旨在探讨自然现象之间的因果联系和一般规律性，属于"规范性科学"；社会科学则属于不可感觉的价值世界，研究的是不可重复的历史个体：人及其行为，属于"表意性科学"。

驱使下做出的。为此，必须借助价值判断或价值关系来理解和解释社会现象背后隐藏的"意义"，即以参照价值理解人的行为的意义，并最终认识社会现象。

这种新康德主义式的社会科学方法论的历史功绩在于，明确划分了自然科学与社会科学在对象、方法、目的等方面的内容，进而区分了事实与价值、价值关联与价值评价的界限[1]，从而纠正了实证主义者的唯科学主义倾向。但它也走向了另一个极端，陷入了主观主义和相对主义，否认社会历史领域里的规律性。人们对社会历史事件的把握只能依靠伦理的和审美的体验，从而进一步由主观主义走向非理性主义。

带着这样的态度进入宗教研究的实地调查中，其问题和缺陷是不言而喻的。对作为信徒的研究者来说，问题在于，"不识庐山真面目，只缘身在此山中"。而对那些试图完全融入被研究群体的研究者来说，威廉·富特·怀特（William Foote Whyte）研究街角社会的经验就值得考虑了，他说："人们并不希望我和他们一模一样；事实上，只要我对他们很友好，感兴趣，他们见我和他们不一样，反而会感到很有意思，

1　李凯尔特最早对价值关联与价值评价进行区分。他认为，价值评价是主观和个别的，同一事物，人们可得出完全相反的结论；而价值关联则是客观的、共同的，既非褒，也非贬。他还指出，研究者必须运用自己的价值观念去考察被研究对象，才有可能真正揭示出该对象的本质特征和它存在的真正意义。

很高兴。因此，我不再努力完全融入到他们的生活中去。"[1]

作为参与观察者

尽管，马林诺夫斯基作为现实主义民族志研究典范的创立者之一，同样也是反思并批判人类学"科学"和"客观"研究立场的代表人物；但学界公认，马林诺夫斯基更是确立了人类学的田野工作规范，特别是参与观察的方法和实践准则。

也就是说，尽管马林诺夫斯基所撰写的民族志表现出一种被研究者失语的情况，但他在田野工作过程中却试图超越那种将研究者或者视为局外人的"观察者"，或者视为局内人的"参与者"的极端立场，而更倾向于将自己视为参与观察者（participant observer）。

持这种立场的研究者在实地调查过程中所关注的问题是"我试图成为局内人，以了解他们如何看自己"。从方法论的角度来说，这种立场本身就具有一定的张力，因为研究者一方面要尽量进入被研究者的文化处境，同时又要有意识地与他们保持一定的距离。这也就是人类学者们的一句老生常谈：做调查不仅要"进得去"，还要"出得来"。换言之，研究者

---

1 ［美］威廉·富特·怀特：《街角社会：一个意大利人贫民区的社会结构》，黄育馥译，商务印书馆，1994年，第392页。

被要求同时是"参与者"和"观察者",既是局内人,又是局外人。

这与韦伯对社会科学研究的看法就大致接近了。韦伯也主张价值中立,但是他突破了实证主义的局限,认为价值中立并不是取消价值关系,而是要求研究者在研究过程中严格确定经验事实与价值评判的界限,并认为,如果社会科学家根据自己的价值观念选择了研究课题,他就应该遵从他所发现的资料的指引,而停止使用任何主观的价值观念,严格以客观的、中立的态度进行观察和分析,从而保证研究的客观性和科学性。[1]

韦伯的这个主张同时还区分了事实领域和价值领域、事实判断和价值判断。他提出:"研究者和描述者应当无条件地把经验事实的规定(包括他所确定的经验的人的'有价值取向的'行为,而经验的人是他所研究的)与他的实际的价值评判态度,亦即在判断这些事实(包括经验的人的可能被造成为研究对象的'价值评判')令人愉快或令人不愉快的意义上的'鉴定'态度区分开来,因为这是两个根本不同的

---

[1] 韦伯进一步提出了理想类型(ideal type)的概念。理想类型是一种概念的逻辑结构。韦伯认为,要达到真正的认识,只有将认识对象概念化,将概念结构化后形成可对现实做出客观性描述的"乌托邦"式的逻辑形式。这种概念结构并非客观现实的简单翻版,而是用来分析和移情地理解现实,表征"非真实性的因果关系",以获得自明性认识。正由于理想类型的抽象性、与现实的远离,能够保证它不受主观价值的影响,从而保证价值中立的实现。

问题。"[1]

韦伯进一步认为："经验科学无法向任何人说明他应该做什么，而只是说明他能做什么——和在某些情况下——他想要做什么。"[2]而价值判断属于规范知识，即教人"应该怎样"的知识，两者不能混同。"至于判断的主体是否应该拥护这些最终的价值尺度，完全是他个人的事情，是他的意欲和良知的问题，而非经验认识的问题。"[3]

可见，韦伯意义上的价值中立并不是一个普遍性的行为准则，而只是研究者进行学术研究时的一条规范。如果做到按学术规范从事科学研究，就意味着做到了价值中立。因此，我们应辩证地分析韦伯的价值中立思想，避免把价值中立与价值关联对立起来。

其实，韦伯的这个主张一方面反映了他对实证主义传统的不满，因为实证主义为了使社会科学合乎自然科学的标准，片面强调价值中立，却造成了科技理性的过度膨胀，导致了实质上的科学主义（scientism）；另一方面则反映了他对德国唯心主义哲学的批判性思考，因为这种非理性主义哲学的认识论对唯理智主义的反抗也影响到了社会科学的认识和研究方法，它更突出了人作为主体的不可重复性，将人的

---

1 ［德］马克斯·韦伯：《社会科学方法论》，韩水法、莫茜译，商务印书馆，2017年，第162页。

2 ［德］马克斯·韦伯：《社会科学方法论》，第6页。

3 ［德］马克斯·韦伯：《社会科学方法论》，第6页。

意志、情感、本能等提至首位，以至于将"应是"的价值评价判断全然替代了经验的论述，偏离了社会科学研究的初衷——"理解现实的独特性"[1]。

因此我们可以说，韦伯的价值中立论是对实证主义和唯心主义哲学两大传统的综合，是一种试图超越唯理性主义与直觉式的非理性主义传统的尝试。其理论意义自然是毋庸置疑的，但我们也需要看到它的局限和问题。对此，不少西方学者已经做出了很多深刻的评论，其中科学实在论者普特南的看法也许值得我们认真考虑。

普特南重申了一种由来已久的关于事实与价值关系的观点，认为事实与价值的区分无论如何也是模糊不清、无法实现的。因为事实陈述本身，以及人们据以决定什么是事实和什么不是事实的科学探究实践活动，都预设了价值。普特南指出，关于科学价值中立的传统观点是建立在科学的工具的成功和多数人的一致意见基础上的。[2]许多人相信科学理论的正确性可以做出使大家满意的论证。但事实上，对任意选取的一个科学理论的真理性，人们都不可能得到绝大多数人的赞同。许多人对科学和很多理论都是可悲地无知，至于科学的工具的成功，由于科学的意义决非仅限于它的实际应用

1　李小方：《马克斯·韦伯的社会科学方法论述评》，《文史哲》1988 年第 1 期。

2　普特南：《理性、真理与历史》，李小兵、杨华译，辽宁教育出版社，1988 年。

性，故不能由此推出科学的合理性。所以，用工具的成功与多数主义来证明科学真理的合理性和价值真理的非合理性，是站不住脚的。[1]

具体到我们所讨论的经验性宗教研究的实地调查上，韦伯的价值中立论对经验事实与价值事实的区分固然在一定意义上突破了作为观察者的研究者那种消减被研究者主体性的局限，也摒弃了作为参与者的研究者那种信仰告白式的研究进路。但是，正如普特南所指出的那样，事实与价值能否有效区分仍然是进行经验性宗教研究的社会科学研究者的一个理论困境。

"我与你"：主体之间

正是在对以上各种理论传统的反思和承继中，进行实地调查的社会科学家们越来越多地强调"互动"，指出研究者乃是在与被研究者的关系中认识和理解被研究的群体和文化逻辑的。

借用人类学领域里在参与观察方法基础上提出的"观察参与"的概念，即认为田野工作者自己也是被观察的互动主体之一，在了解被研究的群体的同时也被自己所观察，

---

1 顾肃：《论社会科学研究中的价值问题》，《江苏社会科学》1998年第1期。

085

这种研究者更倾向于将自己作为"观察参与者"（observing participant），而他们在实地调查中所关注的问题是："我自己作为互动场域中的一个主体，如何看所研究的群体或文化。"

在这样的研究进路中，被研究者的主体性得到了恢复和重新确认，并且也意识到了研究者自己作为一个互动中的主体所带有的文化限制和理论预设。前面提到项飙在研究中强调研究者是在互动中认识对方的，他也分享了他对人类学实地调查的基本体会：

> 第一，一定要"介入"。二，介入是有选择的……我的介入是侧面的，只是让自己成为"知情人"。三，在介入的同时，完全可以保留自己的原来角色，甚至坚持自己对生活的一些看法。这恐怕和以往我们对"参与观察"的某些理解形成鲜明的对比：一方面要掩饰自己，另一方面又和对方保持一定的距离。[1]

换言之，按照这个思路所进行的实地调查，实际上是一个研究者与被研究者在互动中共同构建的过程，由此产生的

1　项飙：《跨越边界的社区：北京"浙江村"的生活史》，生活·读书·新知三联书店，2000 年，第 39 页。

民族志作品也是一个共同构建的作品。[1]

或许马丁·布伯（Martin Buber）的两对概念有助于理解我在这里试图强调的观点，他指出，单独的"我"是不存在的，"我"只存在于"我—你"或"我—它"之中。[2] 可以说，注重实地调查的人类学是考察他者以反观自身的学科，试图通过对异文化的了解来反思自身。在此，他者或异文化就是"我—它"关系中的"它"，研究者必须与"它"保持一定的距离，从"它"身上获得知识和经验。在这对关系中，也就是我们所考察的人类学研究传统中，"它"、他者或异文化，仅仅是被人类学者利用或考察的对象而已。

如果说在"我—它"关系中的"它"还可以与"我"保持距离，成为客体，那么布伯在"我—你"概念中则强调了"你"不是与"我"相分离的"在者"。在这对关系中，"我"不再是那个功利的、为自己谋取利益的主体，"我"不再为满足自己的需要和欲求而与"你"建立关系。因为，"我"是以"我"的全部、真本自性来接近"你"的；当"在者"对"我"来说以"你"的身份出现，它就已不是时空、因果世界中的物，而是无限无待的。此时的"你"就是"我"的整

---

1 当然，这并不意味着一定要在形式上成为一些学者所建议的那种对话体的作品。

2 ［德］马丁·布伯:《我与你》，陈维纲译，生活·读书·新知三联书店，2002 年。

个世界，"我"不可能客观地认识"你"，分析"你"。[1]

换个说法就是，人在交往中生存，因而人的世界是一个交往的世界。作为主体的人们在交往中表现出来的主体间性，实际上是一种交互主体性。具有交互主体性的主体和主体共同面对特定的客体或客体世界，成为某种共同主体。共同主体所具有的主体性是一种共同主体性，是一种内含交互主体性的人的主体性。[2]

从哲学的范畴回到社会科学的研究上来，我们越来越清楚地看到十九世纪社会科学的局限，当时的理论家们试图模仿那个时代测量方法的那种似乎无可辩驳的确定性，并借以诉求自己的地位和合法性。然而，二十世纪的科学发展出现了一个新的思潮：开始重视不同研究过程之间的碰撞、置换和交叉，或者也可以说是创造。维尔纳·海森堡（Werner Heisenberg）将其恰当地总结为测不准原理：观察者必然地、不可动摇地成为被观察对象的一部分，所以研究者所面对的"现实"都是他通过自己的感知棱镜来获得理解的，他收集的结果也是观察过程最终的人造产物。[3]如果说，社会科学研究者曾经或者强调自己观察和研究客观事实，或者强调主观事实，我更倾向于认为，社会科学要讨论的乃是关系或互动

1　参见孙晓舒《〈我与你〉读书心得》，未刊稿，2006年。

2　郭湛：《论主体间性或交互主体性》，《中国人民大学学报》2001年第3期。

3　［英］奈杰尔·拉波特、乔安娜·奥弗林：《社会文化人类学的关键概念》，鲍雯妍、张亚辉译，华夏出版社，2005年，第264页。

中的事实。

回到实地调查这个话题上来，这种将研究者自己视为观察参与者的进路承认研究者自己的主体性，也承认被研究者的主体性，并且充分意识到两者都具有的理论前设。另外，这样的研究者倾向于在主体之间的互动关系中去进行考察和分析。既然研究者充分意识到了自己的局限性，那么，在宗教的社会科学研究中，也就无所谓自己到底是信徒还是非信徒了，也不存在谁比谁更"客观"，更有进行该项研究的"合法性"。分别作为对所研究群体的陌生人和熟人，潘绥铭和王文卿在其对乡村社会中的男孩偏好现象的研究中反思道：

> 无论是"熟悉"还是"陌生"都是一把双刃剑。熟悉可能导致对司空见惯的事情视而不见，因而也就难以提出问题；而一旦提出问题，熟悉又可以帮助研究者迅速理解被调查对象。陌生所带来的迷惑感很容易提出问题，但文化之间的隔阂又增加了理解的难度。[1]

结语

早在二十世纪六十年代，美国社会学家赖特·米尔斯

---

1 王文卿、潘绥铭:《男孩偏好的再考察》,《社会学研究》2005 年 6 期。

（C. Wright Mills）就已经指出："任何一个社会科学家都难以回避对价值的选择及其在研究中的整体运用。"而且，"社会科学研究者并非突然之间面对价值选择的需要。他已经是在某一价值基础上进行研究了"。他如此问道："不明言的道德和政治判断比对个人和专业政策的明确讨论有更为深远的影响力，难道这不是很明显吗？"我也同意他所提出的观点："只有将这些影响转变为经过辩论的政策，人们才能充分地意识到它们，从而有意识地控制它们对社会科学研究及其政治意义所产生的影响。"[1]

这也正是我所反复强调的观点：研究者需要深刻意识到自我的有限性。具体到宗教的社会科学研究中，没有哪个研究者能够自许比别的研究者更为"客观"。我并没试图提出一个超越性的研究框架，而只是在强调，研究者必须时刻反思自己的身份，具有这种身份自觉，因为意识到自己的有限性会有助于研究，这种自觉会一直提醒研究者并促成研究者反思，从而使得研究更为全面和"接近真实"。无论如何，知道自己有限比不知道自己的有限毕竟多了一个反思的角度和空间。

与此相关，我认为这种身份自觉其实关系到我们对研究本身的意义的把握。在我看来，我们之所以对某一社会现象

---

1 ［美］C. 赖特·米尔斯：《社会学的想象力》，陈强、张永强译，生活·读书·新知三联书店，2005 年，第 192-193 页。

或宗教进行研究，不仅仅是为揭示和认识社会文化现象，同时也是为认识自我。作为一个人类学者，我们在试图"成为他者"（becoming to be others）以便更好认识自己的时候，实际上正是在成为自己（becoming to be self），对他者的认识进深，正是自我认识的凸显。正如美国人类学家威廉·亚当斯（William Y. Adams）所说："人类学最令人欣慰的悖论，也是她最激励人的特征，就在于研究他者的同时也是一个自我发现的生命旅程。"[1]

换言之，我们之所以进行研究，并不是仅仅为学术而学术，学术研究也是为自身的健全和成熟。当然，我们的学术研究在帮助我们自我发现的同时，也会帮助其他个体和群体了解社会，认识自己。

1　［美］威廉·亚当斯：《人类学的哲学之根》，黄剑波、李文建译，广西师范大学出版社，2006年，第394页。

地方社会研究的不可能与可能[1]

通常，我们以为了解了一个村庄的地理、人口、文化等，就算是认识了这个村庄。我也不例外，在《乡村社区的信仰、政治与生活》[2]第一章导论之后，我以"认识吴庄"为题

1　本文原题《地方社会研究的不可能与可能——吴庄基督教的人类学研究札记》，原载《中国农业大学学报》（社会科学版）2013 年第 1 期。收入本书时略有修改。本文是基于我的博士论文《四人堂纪事：中国乡村基督教的人类学研究》（2003）的延伸思考，最初的大纲写于 2003 年 5 月，续写于 2010 年 8 月，完成于 2012 年 5 月，修订于 2012 年 12 月于英国伯明翰大学访问期间，后以《乡村社区的信仰、政治与生活：吴庄基督教的人类学研究》为名出版。

2　黄剑波：《乡村社区的信仰、政治与生活：吴庄基督教的人类学研究》，香港中文大学崇基学院宗教与中国社会研究中心，2012 年。吴庄是甘肃东部的一个普通村庄，位于一个被称为三阳川的普通河川里。在我进行田野调查期间，全村约有 3000 人，因吴姓超过总人口 80%，故名之为"吴庄"。

写作了第二章。然而，随着田野工作的展开和写作的深入，我发现对吴庄似乎越来越不认识了。

如今看来，我之前所认为的"认识吴庄"，充满了"学术中心主义"色彩。我曾以为，那种习以为常的条分缕析的知识性认识，就是对吴庄社会的真实理解。但这种主观的"文化狂妄症"，并非西方文化霸权主义者所特有，身处国际学术边缘的我们，同样存在这些学术弊病。进而，我发现所谓的"认识"吴庄（或任何一个村庄、一个人群，甚至一个事物、一个人）本身就是一个问题。

或许，真正的认识是一个不可能完成的任务？

但这么说似乎在暗示一种不可知论，似乎也消解掉了我们所有的认知努力的意义和可能。这显然不是我的意思。事实上，这么说不过是在提醒我自己，我原以为已达成的对吴庄的认识，其实值得怀疑，甚至可以打上好几个问号：从根本上讲，认识吴庄是否可能？若有可能，该如何实现？何时才能实现？并且，如果真的有了某种认识，又怎么判断是否已经达成了呢？

在此我并不想，也无法处理所有这些问题，而仅就自己有所感触的几个方面略作讨论，可以说是对人类学研究方法论的反思，更是对自己的思考局限性的反思。

可能完成一个不可能完成的任务吗？

在《乡村社区的信仰、政治与生活》一书后记中，我无奈地承认了一个事实：一项研究是必须有个结束的，但村庄的生活却将延续下去。这一看似简单却无情的事实反过来也说明，其实研究从根本上来说是不可能真正"结束的"，因为生息不断，个人生命的短暂与社会生活的"几乎永恒"完全不成比例，甚至夸大地说，这是所有社会／文化研究的根本上的悲哀和局限。

在文本的写作中，我特意安排了四个小节来试图处理一个很简单的问题，即吴庄的形貌。"地理吴庄"试图从空间上锁定其位置，"人口吴庄"试图从人口结构方面说明其内部构成，"历史吴庄"试图从时间上进行定位，而"文化吴庄"则试图分析其思想传统和生活方式。一位朋友在阅读文本之后曾说他的第一反应是"看到了可怕的全面性"。然而，仔细想来，事实上我连"吴庄在哪里"这个更基本的问题都没有给出准确的说法。

这不是说我没有描述出吴庄的基本情况，而是说，作为一个乡村社区的吴庄事实上并不是如同文本叙述中所呈现出的那样，是边界清晰的一幅静态图画。相反，正如很多研究者已经意识到的那样，就算是一个所谓边远、没有受到现代文明冲击的部落，其实也是一个"超越边界"的社区，至少是一个边界模糊的社区。

其中一个方面当然体现为人群的流动，就如之前一些学者对于北京的"浙江村"研究所揭示的那样，更为难以把握和掌控的则是因为时间的迁移所带来的不可避免的变化。正如"一个人不能再次踏入同一条河"这句话所显示的朴素道理那样，对村庄或任何人群的研究都面临这个尴尬或者说挑战：你的文本一写出来，它所呈现的就已经不是现在那个活生生的村庄的生活了。进一步说，研究者所描绘的村庄生活肯定不是所谓"真正的"村庄生活。

或许我们可以从宋代诗人苏轼那里得到一些启发。我曾开玩笑说，苏轼可算是中国历史上一位不自觉的人类学家。在一次给本科生讲授《人类学概论》的田野工作部分时，我提到不同的"视角"（perspective）会带来不同的观察和体会，并主要从远近、角度和"立场"这几个方面进行了讲解。在举例时，突然想到这与苏轼的诗《题西林壁》所表达的意涵非常接近："横看成岭侧成峰，远近高低各不同。不识庐山真面目，只缘身在此山中。"

苏轼当然不是人类学家，然而他的观察和体会至少和人类学家的研究堪作类比，其第一句类似于我们讲的"角度"，第二句类似于"远近"，而后两句则触及了人类学认识论中一个关键话题，即"立场"，也就是"你到底站哪一边"的问题。从这个意义上，似乎苏轼为那种质疑本地人对自己文化的解释之能力和有效性的看法提供了支持。然而，我们确实需要意识到，"不识庐山真面目"的原因并不只是因为

"身在此山中"，实际上，就算身在山外，一样也难以认识所谓的"真面目"。

如此说来，似乎对"庐山"的认识是一个不可能完成的任务，所得到的答案也似乎只能是盲人摸象式的尝试。的确，生活是一个整体，村庄是一个整体，而且更要命的是，村庄本身并不是一个自成一体的封闭系统，而是一个更大系统的一部分。因此，我们所有的研究其实都有生硬的切割之嫌，因此实际上也就永远无法达到所谓"整体"的认识，而只能是一个角度的认识，或者一个方面的认识，甚而可能只是一个点（时间点或空间点）的认识。

这显然不是在说，我们的研究没有任何价值，而是说，对这一点的理解，或者说研究者对自己思考的局限性的了解，有助于我们承认和欣赏对同一群人、一个地方或一个问题的其他角度、其他方面的解说，而不那么执着于只有自己所见才是正确的，或最好的，甚至唯我独尊的自大。

"我是谁？"

提到"立场"问题，通常就涉及人类学研究中的身份问题[1]。在这里我主要关注一个问题，即在当地人看来，"我是

1　黄剑波：《身份自觉：经验性宗教研究的田野工作反思》，《广西民族研究》2007 年第 2 期。

谁？"或者说，当地人眼中的"我"。

经验中，"我"至少有这么两个形象。首先，当然是一个外来的研究者，是陌生人，最大程度上也就是一位比较友好的帮助者，尽管帮助的力度微弱；其次，由于长期住在一位村民的家里，广泛参与他们的日常生活，特别是基督教会活动，一定程度上也是一位参与者。

记得一位修习哲学的朋友曾准确地批评我的一项研究，指出我所声称的"内部人视角"其实只是我的一种想象。进而，他用格尔茨在其爪哇研究中与斗鸡人一起逃避警察的著名例子来说明我的那项研究的问题，指出我既然不是所研究的人群之一员，我的叙述和分析就都是可疑的。他的批评是很中肯的，但我自己却越来越怀疑人类学的那个著名的"理想"了。

事实上，就算是格尔茨，他真的就能成为爪哇人了吗？或许，因与斗鸡人一同逃避警察的举动，他获得了文化报道人的认可和接受，从而得以获得更多的信息，进一步，他或许真的也体会到了斗鸡人的感受。然而，需要注意的是，他充其量也只是部分地体会到而已，因为，最终，作为"美国人"，作为"研究者"，如果他与斗鸡人一起被警察抓获，他是不会受到与他们一样的"待遇"的。这一点，斗鸡人知道，当地警察知道，想必格尔茨自己也是心知肚明的。

显然，完全成为当地人是不可能的，怀特在其研究中也提到："人们并不希望我和他们一模一样；事实上，只要我对他们很友好，感兴趣，他们见我和他们不一样，反而会感到很有意思，很高兴。因此，我不再努力完全融入到他们的生活中去。"[1] 因此，我试图这样界定自己，首先一定要"介入"，但介入是有选择的，另外，在介入的同时，完全可以保留自己的原来角色，甚至坚持自己对生活的一些看法。[2] 例如，在与一位当地基督徒的交往中，他不断要求我接受他关于圣灵恩赐，特别是"方言祷告"的看法，我既然并不真正认同，也就只能告诉他，对他的主张表示尊重和欣赏，但我还是对这个问题有自己的理解和看法。

那么，还有持守"内部人视角"这一"理想"的必要和意义吗？我以为还是有必要的，需要有介入，甚至一定程度上的"投入"。

回到前面苏轼的诗，他说："不识庐山真面目，只缘身在此山中。"他当然说得有道理，但如果我们引申开来，他似乎在假设，如果身处庐山之外就有可能全面认识庐山，或曰知道了它的"真面目"。而这暗合了我们格物致知的认知方式，或者说将认识对象首先客体化、对象化。按谢文郁的梳理，这大概与古希腊式的真理认知方式相近，而与希伯来传

1 〔美〕威廉·富特·怀特：《街角社会：一个意大利人贫民区的社会结构》，黄育馥译，商务印书馆，1994年，第392页。

2 项飙：《跨越边界的社区：北京"浙江村"的生活史》，生活·读书·新知三联书店，2000年。

统的投入式认知方式相反。[1]

在此就出现了一个难以解决的悖论，一方面，研究者需要"成为"或努力介入"内部人"；另一方面，"身在山中"也会妨碍对"庐山真面目"的认识。一个超越者的形象可能吗？或者说，研究者既是内部人，又是外部人。对同一个人来说，在同一时间显然不可能具有这两个视角，但是，如果放在一个时间段或一个过程中，则至少是一个可能的景象，在内与外之间不断往返来回。[2]然而，需要留意的是，这样来回往返的过程本身已经假设了研究者自身观点和体会的不断变化。

在此，王铭铭的一项被忽视的研究或可作为类比，他在对中国历史上的"西方"形象的思想考古中提到，对他者的认识本身已经内化为对自我的认识之不可分割的一部分，同时他者形象的形成事实上还投射了我们自己的问题意识。[3]

因此，在我看来，作为研究者或写作者的"我"的角色并不是一个单一和固定的样子，或许可以理解为读者与吴庄之间的一种媒介（media），更准确地说是一种传媒的过程

1　谢文郁：《道路与真理——解读〈约翰福音〉的思想史密码》，华东师范大学出版社，2012年。

2　黄剑波：《往来于他者与自我之间：经验性宗教研究的问题及可能》，载《基督教文化学刊》第11辑，中国人民大学出版社，2004年，第261—274页。

3　王铭铭：《西方作为他者——论中国"西方学"的谱系与意义》，世界图书出版公司，2007年。

（mediation）。也是因此，在我的文本中，"我"并不是中心，所希望展现的是"我"、读者、吴庄三者之间的"互读"，即互相的理解。

到底是谁的生活？

关于这个话题，格尔茨在 1988 年时即已有所论及。

在《论著与生活》[1] 一书中，他用一贯的双关语暗示了民族志写作到底是在描述或反映了谁的生活（whose life anyway）的问题。尽管格尔茨极力强调民族志的文学性，或者说人类学家是文本的所有者（author），但他却同时强烈反对那种将这种言说完全个人化、绝对相对化，甚至认为只不过是众声喧哗的废墟的主张。相反，他仍然相信"符号的公共性"，认为"人类学在这里与在那里两个方面的文本关联"，即对写作者（the Written at）与被写作者（the Written about）之间共同基础的想象性建构，"是人类学具有的说服任何人关于任何事的力量之根源（*fons et origo*）"。[2] 从这个角度看，一些后现代主义者对格尔茨的不满和批评也就可以理解了。

1　Clifford Geertz, *Works and Lives: Anthropologists as Author*, Stanford: Stanford University Press, 1988.

2　Clifford Geertz, *Works and Lives: Anthropologists as Author*, Stanford: Stanford University Press, 1988, pp. 129−149.

那么，具体到我自己的研究和写作，我到底是在写谁的生活呢？从文本的角度来说，我叙述的对象显然是"作为异邦的吴庄"，是"被写作者"，但显然这个文本的主要阅读群体并不是吴庄人（尽管也有一些吴庄人已经读过，或可能会读到），而是所谓学术圈。这不是说只有所谓学者才会读，或才能读，而是在强调这个文本的主要阅读者是吴庄之外的人，或者说是与我更接近的人群，换言之，这样一个研究的实质似乎又在于，在异邦吴庄中认识或重新认识"学术本土"。这就具体表现在文本中大量旨在与前人研究进行对话的讨论，事实上，这些文字对于吴庄人来说可能是抽象的，甚至是无聊的，至少是无关的。

　　然而，在数度停留吴庄期间和后期的写作中，以及多年以来的不断反思中，我发现这个研究其实更为切身的价值在于对自我的了解和认识。人类学的研究取向一向被表述为透过研究他者来认识自己，如果这里的"自己"主要还是指"自己所处的文化"的话，那么，我深切感受到的确确实实是在这个阐释异邦吴庄和"学术本土"的过程中发现作为个体的自己。这个"我"是在对吴庄生活的观察（研究者）和体会（投入者）中透过"看"与"被看"，逐渐构成的一个我眼中的"我"。

　　回到一开始的那个最根本的问题：我们是否可能获得真正的认识？我还是相信，我们确实可以通过"试图认识"我们的生活世界（包括我们不熟悉或熟悉的他者），并且越来越接近真正的认识而达到更准确认识自己的目的，而这正是人类学或所有学术（或非学术）研究的贡献和价值所在。

这么说，并不是在否定研究的公共性或所谓社会意义，只不过试图指出，所谓学术研究其实只是一种生活方式而已，并不比其他生活方式更高尚、更纯粹，而居于象牙塔中的学者，究其根本也不过是饮食男女而已。济世救民固然是研究者的抱负之一，甚至可以夸张地说，以天下为关怀，以人类为归依，但其研究首先当是有助于研究者对自己的认识，所谓学术人生则是身心日渐健全的旅程。

再一次说，就这个目标而言，人们没有必要，至少不是所有人有这个必要，如韦伯所期许的那样，以学术为志业，因为人们完全可以用其他方式完成人生的圆满。要说明的是，以学术为志业当然是高尚的，值得赞许的，也是我个人的向往，至少比那种只是以学术为职业，甚至以学术为附龙术的工具要来得美好一些。

然而，学者的自命清高，即毛泽东所说的脱离群众，以及以普通人为拯救对象的幻象，反过来只能说明学者自己的角色混乱，不知道自己是谁，以至徒生各种苦恼。实际上，学者也会在自己的生活中劳苦叹息，在自己的生活处境和人生问题上挣扎痛苦，并不比任何人高明。这么说，并非贬低我自己所属和认同的学者群体，乃是要将有些时候将自己自绝于其他人的学者首先还原为一个普通的人。

在这个意义上，或是我们真的应当思考一下古希伯来智者的当头棒喝：著书多，没有穷尽；读书多，身体疲倦。也就是说，如果我们将著书立说，或者立功立德立言作为人生唯一或终极的目的和意义，那么这一切到头来不过是捕风，是虚空的虚空。

往来于他者与自我之间 [1]

　　记得一次，一位注重实证研究的社会学家到一群注重人文解释的人类学家当中做学术报告，尽管报告的主体内容为人类学家们所接受，但他们却对这位社会学家从头到尾都在强调的"实证"二字表示了极大的疑虑和关怀。他们认为，这很容易让人联想到被人诟病的孔德"实证主义"，并且担心研究者因过于自信自己处于绝对客观的地位，而将研究对象客体化，他们指责这种做法实质上是"政治"上的不平等，是典型的霸权行为。

　　这位社会学家很难接受这些批评，并将之归结为不同的学科取向所引致的方法论分歧。他没有意识到，这群人类学

1　本文原题《往来于他者与自我之间：经验性宗教研究的问题及可能》，原载《基督教文化学刊》第 11 辑，中国人民大学出版社，2004 年。收入本书时略有修改。

家之所以有这么强烈的反应，是因为人类学界已对这个"科学"与"人文"的问题争论了百年之久，而且他们由于深受格尔茨阐释人类学以及整个后现代思潮的影响，对"科学""实证"等词汇产生了某种天然的反感和免疫，认为这与人文关怀和理解相去甚远。也正是因为这样，人类学家一般不愿意采用"实证或实证性研究"这样的说法，而宁愿称之为"经验或经验性研究"。[1]

经验性宗教研究的意义与可能

宗教或宗教现象作为一个领域，正如其他任何一个研究领域，都应当并必须是多学科交叉、合作的研究，从神学、哲学、文学，到心理学、社会学、人类学、宗教学，都应当对这个领域的研究做出各自的贡献。

不过，由于一些历史和政治的原因，中国的宗教研究长期以来是以思辨式的哲学、神学为主，目前也仍然如此。但这并不意味着经验性研究不存在，例如二十世纪六十年代大规模的少数民族社会文化调查中也涉及大量的宗教调查。只不过这样的经验研究并不多见，也不被政府及学界所重视，处于比较边缘的地位。

1　这两种汉语表述都可以译为 ernpirical。

然而，从二十世纪九十年代以来，国家有关部门以及一些大学的研究机构相继开展了一些研究课题，专注于现实问题的研究，并且强调使用经验性的调查方法。以基督教研究为例，比较重要的课题就有中央统战部的"二十世纪九十年代宗教发展状况普查"、国家宗教局的"各国政教关系和宗教法规调研"、中国社会科学院的"北京宗教现状研究"和"珠江三角洲宗教状况、特点、趋势与对策研究"、中国人民大学的"基督教在中国社会转型时期的文化功能"等。其他单位及个人对现实宗教问题也表现出了极大的关注和兴趣，并展开了一系列相关的调查研究。国家社会科学基金宗教学学科"十五"规划课题指南、教育部宗教学学科"十五"规划调研报告等，也将现实性、经验性的研究列为重点。

这些课题和个人研究兴趣的兴起表明了经验研究在宗教研究领域的回归，也显示了社会学、人类学等学科的学者参与宗教研究的可能和价值。同时，这也表明，越来越多的相关人士意识到，在传统的神学和人文研究进路之外，社会科学应当是展开宗教研究的有必要和有意义的第三条道路。这三者之间的取向和方法都有很大的差异，但正是因为有不同才有对彼此的需要，才能真正构成互补，以期能对宗教现象做更为深入的探求和理解。

事实上，经验性研究的意义和必要（why）想必多数人都能同意，关键问题在于，这种研究到底是什么样的（what），又如何展开（how）。

假设—验证研究的问题及价值

从已经完成和正在进行的经验性研究课题来看，大部分研究都采取了假设—验证的方式，而采取的方法主要是社会学的问卷和人类学的访谈。以下我将从人类学的角度审视假设—验证研究的问题和价值，并对问卷和访谈做一简单的讨论，最后探讨一个更深层次的问题，即研究者的身份问题。

人类学家的研究通常有四种不同进路，即理论取向、课题取向、方法取向以及假设—验证取向。其中，理论取向是指研究者对文化现象进行解释时所秉持的一般态度，其研究依据主要是进化论、功能论、结构论、实践论，或者后结构、后现代等诸多理论。课题取向是指研究者关注的是哪些领域或课题，例如经济、政治、宗教或者象征符号。方法取向是指研究者主要采用什么研究方法，主要分为民族志、民族史、跨文化比较研究。[1]

应该说，前三种研究进路是人类学传统上的主流，但是

1　按照恩伯夫妇（Carol R. Ember and Melvin Ember）的观点，根据研究空间和时间两个维度可以进一步细分如下表：

	单一社会	地区	世界范围抽样
非历史的	民族志	控制比较	跨文化研究
历史的	民族史	控制比较	跨文化历史研究

[美] C. 恩伯、M. 恩伯：《文化的变异——现代文化人类学通论》，杜杉杉译，辽宁人民出版社，1988 年。

也有越来越多的人类学家否认他们倾向于任何特定的理论、课题兴趣或研究方法，而认为自己具有假设—验证取向。

对这一类人类学家来说，任何类型的理论都可以考虑，各式各样的研究方法也都可以采用。他们的主要目的在于对可能的解释进行验证，因为他们相信任何解释都应当经受得住在一套系统收集的资料面前可能被证伪的考验。对他们来说，尽管一种解释看上去很有道理，或者很有说服力，但都不能使其成为可以接受的充分理由，而仍然必须经过验证和具有足够的支持条件。而且，即使这种解释得到了验证结果的支持，也还存在着怀疑的余地。

这就带来了一个严肃的知识社会学问题，即如果按照这种研究取向，所有的知识都是不确定的，而且这些知识的确定性会随着新的检验的进行而增强，或减弱。这意味着一个更为严重的哲学问题，即我们可能永远得不到绝对真理，从而陷入绝对的相对主义之中，导致真理问题上的不可知论。

值得注意的是，人类学中这种研究取向的兴起是比较晚近的事情，几乎与反对宏大叙事、质疑传统理论和方法的后现代思潮同步。换句话说，正是由于整个学界对试图解释一切的宏大理论的反动和解构，使得这种看起来倾向于碎片式（fragment）的研究得以兴起。

尽管假设—验证取向的研究可能导向解释的个体化和知识的碎片化，但这并不意味着假设——验证取向的研究没有价值。相反，这正是这种研究取向的魅力所在。原因很简单，对某种或某几种理论不断进行验证的结果，会使我们得到越来越可信的知识，或者说我们能越来越接近真实。

需要指出的是，假设—验证取向的经验性研究并不"只是要印证一些事先就可以想见的推断"[1]，而是就某个理论不断证伪的过程。因为，理论（theory）永远也不可能绝对肯定地得到证实。有些结论、有些可引申出来的假说得不到今后研究的证实，这种可能性总是存在的。但理论却可以被证明是错的。我们可以对系统收集的资料进行检验，从而驳倒理论。反过来说，如果我们所收集到的资料显示某个理论在个案中是成立的，那么我们就继续对这个理论持怀疑性的接受态度，但这个理论得到了进一步的加强，因为又得到了一个个案的证实。这正是经验性研究的价值所在。

还有一点也很重要。一项理论是否可信，应当得到不同时间、不同空间、不同处境下的个案的验证。因此，就算一个再古老的理论，我们也可以在今天这个时代下进行重新验证。同样，一个在西方被证实为适用的理论，我们可以在接受它之前在中国进行验证。而不只是简单将这些理论接受为"常识所认定的命题"，事实上我们以为的"常识"极

---

1 事实上，真正从事经验性研究的学者的第一个训练课程就应当是"我不知道研究结果会是什么"。如果一个研究者事先就已知道研究结果，那么人文学者的担心就是合理的：这样的经验性研究"恐怕就仅仅是在形式上完成了一个规范的研究过程，而并没有多少实际意义"。同时，这样的研究者恐怕需要回头去接受一点基本的学科训练了。

有可能只是我们根据自己的知识背景而形成的某种假设和推断而已，是实质上的"偏见"，而非真正意义上的"常识"（common sense）。

关于问卷与访谈

人类学的问卷有三种类型：结构型问卷、半结构型问卷和开放问卷。开放问卷是指研究者几乎没有任何理论的前设，而完全根据报道人（informant）的叙述来进行记录。事实上，这种所谓的问卷通常连设计好的问题都没有，而是期待能从日常的谈话中让报道人无意识地将自己的文化生活讲述给研究者。无疑，这种问卷方法是无法为多数人接受的，尤其是强调"规范"的社会学家，更是无法容忍这种"放任"的研究过程。

我们通常所采用的是结构型问卷，也就是研究者设计了一些问题，并且假定了几个答案，然后让报道人来进行选择。尽管有些比较周到的研究者特意设计了一些开放性的问题，即不是选择题，而是简答题，但由于要考虑到对后期数据的统计和分析，通常这种问题并不多，而且也只作为参考性问题，而不是问卷的主体。尽管这种问卷非常适合于进行统计分析，而且也容易得到回应（通常问题并不复杂），但确实容易出现人文学者所观察到的问题，即研究者的预期目标有时过于明显，甚至带有善意的诱导。比如一些问卷调查的问题，基本上可以设想被调查者会做出何种应对。

人类学家更倾向于使用的问卷是半结构性问卷（semi-structured questionnaire），简单地说，是处于结构性和开放性问卷之间的一种问卷形式。通常来讲，这种问卷以某种理论为前设（当然研究者对结果持开放的态度），也列举了一些关键的问题，但是这些问题一般不是选择式的，而是简答式的，或者说半开放的。事实上，可以说这种问卷事先有问题大纲，至于具体的提问则需要根据不同的报道人，根据不同的场景进行置换和修正。

这样一种问卷的选择与人类学的访谈直接相关，因为这种问卷中的问题需要研究者在与报道人交往过程中对同一个问题进行多方求证，试图得到最为接近真实和最为完整的回答或讲述。研究者可能需要从多方面来问同一个问题，甚至重复地问同一个问题。

这一方面是为尽量避免出现以下情况：研究者对报道人的讲述"过度诠释"，访谈记录只是在表面上或形式上保留了报道人的原话。另一方面，则是考虑到报道人的一个比较普遍的倾向，即他也会在与研究者互动的过程中揣摩研究者的心思，从而给予一个研究者"想要"或"预计"的答案。这并不是说，报道人故意提供虚假信息，而是说，每个人都可能在与人互动的过程中根据不同的场景提供不同方面和不同层次的信息。

也正是因为这样，人类学家所期待的最佳报道人应当是那些不知道，或者在访谈过程中有意识地不采用我们所使用的社会科学分类和分析体系，同时又对本文化有深度参与的人。因为访谈想得到的是报道人的叙述，而不是分析。（注：这并不是说报道人不能对问题进行分析或提出见解，而是说不要迎合研究者的需要并采用研究者的分析体系来给出答案。）

这样的问卷和访谈显然要求比结构性问卷更多的时间和投入。后者甚至只需要在街头随便找一个人就可以进行，也许只需要几分钟就可以完成一份问卷。而前者则可能要花几个小时，甚至很多天，才能得到一份完整的访谈记录。事实上，传统的人类学研究鼓励研究者花更长时间在田野点进行调查和访谈，就一个农业社会来讲最佳时间是一年，即一个农业生活周期。

另一个导致人类学访谈时间趋向更长的因素在于人类学家的一个假定：报道人对外来者（研究者）具有天然的戒备。因此，如果我们要想真正进入一个文化，或者进入一个人的生活，就必须花足够长的时间来保证这个关系的建立和进深。

在此谨举一例。1998 年我到四川大凉山地区做调查时，曾经就一个简单的问题向同一个人多次提问，然而得到的答案却完全不同。

抵达一位彝族兄弟家的第一天晚上，我们坐在火塘边上开始闲聊。我问他有几个孩子，他说"一个"，并且说："只生一个好啊，养不起啊。"我问他是男孩还是女孩，他说是女孩，不过他说："生男生女都一样嘛。"第二天，那位介绍我到他家的当地干部离开村子回城了。晚上我再问他相同的问题，他说"还是得再生个儿子"，并说"女子留不住啊"。我在他那里住了一个月，临走前的晚上我再次问他，他哈哈大笑着说："当然是越多越好啊！"

在这个个案中我们可以看到，不同的人物互动、不同的场景、不同的个人关系和参与，极大地影响了报道人对同一问题的回应。

因此，尽管我个人完全赞同社会学家在访谈过程中所主张的"所听即事实"的原则，因为这至少比"猜想的事实"要更为可靠一些，而且若非如此，研究者就无法继续以下的分析和研究了。不过，作为人类学者，我还是主张，研究者需要花更多的时间和精力来使"所听的"真正更为接近"事实"。

往来于他者与自我之间：研究者的身份问题

需要正视的是，社会学或人类学的经验性宗教研究也具有一些自己学科和方法上的问题和局限。

尽管人文学者对经验性研究的批评，有些可能是出于不同学科之间的隔阂，是因为不了解或误解，但一些人文学者非常准确地指出了其中一个问题：社会学或人类学的经验研究有一个共同的倾向，即研究者可能过于重视所谓的"第一手材料"而没有充分利用已有的文献、资料和相关调查报告。这往往会带来两个方面的问题。一方面，研究的深度、广度明显不够，容易成为材料的简单堆积和描述，而无法就相关问题提出有见地的解释和观点。另一方面，研究的投入与产出不成比例，并且可能出现对同一问题的意义不大的重复性研究。

在这一点上，社会学或人类学者无疑应当效法人文学者，尤其是史学研究者的文献功夫，尽量使自己的经验性研究能有一个更为深厚的论据基础，并且可能得到更为有力的研究结论。

人文学者，或者受质疑传统人类学致力于建立某种"科学"的后学思潮影响的人类学者，对经验性研究的批评更多集中于科学的宗教学研究的"高度客观性"。他们指出，社会科学不同于自然科学的地方在于，其研究对象与自己是同类，或者说研究的是自己作为其中一部分的群体或体系。因此，所谓的客观只能是一厢情愿的向往。

什么是"科学的宗教学"？社会学家将之定义为：使用实证的方法，收集实证的资料和材料，并且进行客观的分析和归纳，从而得出科学的理论，以理解宗教现象以及宗教与社会其他方面的互动关系。显然，在这个界定中，实证和客观是两个关键词汇，因为实证性和客观性是社会科学有别于哲学和人文学科的地方。然而，社会学家们也承认任何单项研究和任何研究者个人的主观性和局限性，而且，科学的宗教的客观性是相对的，因为从事宗教现象科学研究的人总是有其主观立场和倾向的。

对这个问题，社会学家给出这样的解答：这种主观性和客观性在同样研究的重复（replication）当中可以得到不断超越和克服，在多元交流和互补中可以达到一种多元客观性。这剂药方应该说还是可行的，具有一定效用。[1] 但是我们或许可以从方法论上做一个换位思考，以期能够在宗教研究中既有规范的方法和过程，又能有整体论的人文诠释和关怀。

古往今来的人们都希望能认识自己，这种冲动形成了上古时代的神话和传说，构成了哲学及现代科学发展的原动力。认识自己可以从自己着手，考察自己的生活、习性、文化、体质特征等，但这显然是不够的，因为更完整、准确地认识自己还需要一个对照或镜子，而他者正好可以作为一个参照体系。本质上讲，人是一种关系的动物，即是在关系中界定自己和认识自己，并依据这样得来的身份（社会认同）

1　杨慧林认为："邀请不同学科、不同背景的研究者去处理同一批田野调查材料，对于实证性研究是绝对必要的。"见其 2003 年的《"汉语神学"的问题领域》一文。除此之外，我认为，还有必要对同一田野点进行重复的跟踪式调查，以及由不同研究人员对同一田野点进行调查。这样的多重调查、多人调查（各人独立进行）的结果，必然在可信度和可靠度上都能有极大的提高。

和角色（社会对个人的行为期待）与别的个体产生互动。个体的人如此，群体的人亦是如此。可以说，他者作为认识自我的参照，其存在是必要的，甚至是不可避免的。

作为与自我相互界定的参照物，他者一直是我们衡量自己的价值、特征或共同人性的标尺，其形象经常出现于古今许多文献和传说。人类学家相信，研究他者比仅仅研究自己更能深刻地认识自己。正是出于这样的相信，人类学家将自己的研究着眼于他者的身上。但是，研究他者的人类学家最终要达成的目标显然还是更好地认识自己，尽管也许是批判地认识自己。一方面，二十世纪的社会文化人类学者许下诺言，声称要启蒙数量广大的西方读者；另一方面，人类学者声称，通过描写异文化，我们可以反省自己的文化模式，从而瓦解常识，促使我们重新检讨自己想当然的一些想法。

那么谁是他者？对犹太人而言，外邦人是他者，对希腊-罗马人而言，"野蛮人"也是他者，而在一些区域性学派或研究中，如"印第安学"（Indianology）、埃及学（Egyptology）、东方学（Orientalism）中，印第安人、埃及、东方这些概念莫不是对西方文化和西方人而言的他者。但一个有趣事实在于，这些被视为他者的文化和人群，其实本身也是一个具有自觉意识的主体。因此，对外邦人而言，犹太人是不折不扣的异类；对"野蛮人"而言，希腊-罗马人也是当然的他者；对印第安人、埃及、东方而言，西方、西方人和西方文化也是他们作为对照的参照物。这种互为他者的情况使得我们对"他者"的确认陷入复杂化的境地。

然而，更为复杂的问题在于，他者的存在不仅是不同群体和文化之间的，更是存在于同一群体和文化之内的。就犹太人中占据主导地位的法利赛人（Pharisee）而言，施洗约翰和耶稣及其门徒显然是异端，而耶稣的教导也是在针对法利赛人的批判中得以逐步展开的。对西方文化体系而言，不仅有存在于其外的他者，更有置身其内的种种边际性群体，他们所身体力行的"奇风异俗"对西方支配性文化而言也是他者。

二十世纪八十年代以来，西方人类学对本土研究兴趣的高涨实际上是人类学回归本土运动的一大潮流，英国社会人类学家安东尼·科恩（Anthony P. Cohen）即在一系列作品中指出，人类学不仅要延续研究"被殖民化的人民"的传统，还有必要分析西方内部被殖民化的社会群体，以达到反思西方主流文化，进而更准确地认识西方文化的目的。

可见，我们所讲的"他者"不仅仅指向与自己不同的人群（others），更多的是指向与自己不同的文化（other cultures）。换句话说，我们所主要关注的不是作为人群的他者，而是文化意义上的"他者性"（cultural otherness）。[1] 从这个意义上讲，他者的涵盖非常之广，既可能是客观存在的异类

1　Michael Herzfeld, *Anthropology through the Looking-Glass: Critical Ethnography in the Margins of Europe*, Cambridge: Cambridge University Press, 1987.

群体和文化，也可能只不过是被人为构建出来的他者，即所谓"想象的异邦"，这个异邦既可能真是在遥远的天边，又可能就近在眼前。

人类学发展一百余年来，其田野不断在改变和拓展，最初是作为遥远的异邦的"初民社会"，后来回到自己所在的复杂文明社会，而且不仅研究那些边缘性群体，也研究主流群体。田野的涵义已远不是异邦或乡村了。翁乃群认为人类学研究正在走出"山野"。[1] 费孝通的观点似乎更为令人振奋，更为开阔视界，他认为"人文世界，无处不是田野"[2]。这与巴西人类学家玛丽莎·佩拉诺（Mariza G. S. Peirano）将他者界定为"差异"的观点不谋而合：只要存在差异，存在与自己的不同，那里就有人类学的田野。[3] 人类学家对学科、对自己的反思最为深刻的地方正是在田野中，因为人类学家在田野中需要不时地将研究者自己作为研究客体来进行反观。

如果作为研究者的"我"试图真正理解报道人的意义体系，研究者就需要力图成为"我"所研究的他者中的一员

---

1 翁乃群：《山野研究与走出山野——对中国社会文化人类学的反思》，《广西民族学院学报》（哲学社会科学版）1997 年第 3 期。

2 费孝通：《继往开来，发展中国人类学》，《广西民族学院学报》（哲学社会科学版）1995 年第 2 期。

3 Mariza G. S. Peirano, "When Anthropology is at Home: The Different Contexts of a Single Discipline," *Annual Review of Anthropology*, Vol. 27 (1998), pp. 105−128.

（虽然肯定还会或多或少带有自己的文化背景和意义体系），这是我们通常所说的"要进入"。然而，就我所见，当前一些经验性宗教研究的问题的关键仍然在于，研究者根本就还没有"进入"。他之所见、所闻及所录，都不过是相当表面和肤浅的一些现象，没有真正达到对被研究者／报道人的理解。

正是在这一点上，宗教研究者的信徒身份或者对某种宗教的情感认同，事实上成了一个独特的优势，即容易进入该信仰群体，而且可能得到的是更为接近真实的分享和讲述，并得以参与一些比较私人或隐秘的宗教活动。相反，对于非信徒研究者来说，要进入某个宗教团体就相对比较困难。有意思的是，他们可能更容易得到并轻信所得到的信息。

以基督教研究为例，非信徒研究者所得到的材料更有可能是见证式的。这显然与基督徒向非信徒传福音的倾向有关，因为当基督徒与非基督徒交往的时候，尤其是在那种短期性甚至一次性的交往中，基督徒往往倾向于讲述自己蒙恩的过程，以及上帝是如何改变自己的生活的。这并不意味着他们故意提供了错误的信息，而只表示，由于与研究者交往时间以及彼此关系的程度有限，研究者所获得的信息是不完整的。因为显然，基督徒的生活并非完美意义上的"圣徒"，他也有软弱，有挣扎，而这些东西，通常他是只与信徒，或者是长期交往、彼此信任的朋友分享和讲述的。

也就是说，如果我们只根据基督徒所提供的见证式材料进行任何理论的归纳和推演，都可能只不过是得到一些理想类型（ideal type），而绝不是真正的客观事实（reality）。而且，要基于这种不完整的材料进行任何完善的分析或处理，无论对这些材料的分析者来自多少个不同的学科或背景，都只可能是在沙滩上建造房屋。

不过，需要承认的是，可能过于相信个体经验和活泼的个人见证和信仰经历，如果研究者仅仅意识到自己是个信徒，而没有意识到自己研究者的身份，以及自己进行经验性研究者的职责，那么他的信徒身份或宗教认同的确可能是一种局限。

事实上，人类学家认为，只是"进入"某个文化，对理解该文化还是不够的，我们还需要"出得来"[1]。但当我们出来的时候，研究者其实已经不再是进入之前纯粹的"我"了，因为他已经受到了（或多或少）被研究者的意义体系的影响，从而得以具有报道人的眼光和视角，进而反观作为研究者的自己。从这个意义上来讲，人类学家成为认识自己的"他者"。

因此，对人类学家来说，他之进行宗教研究，确实需要两个方面的知识和训练，即人类学方法的专业训练，以及对

1　亚当·库伯（Adam Kuper）对源自爱德华·萨义德和后现代反思话语的本土主义民族志提出了深具洞见的批评，这种民族志假定只有本地人才能理解本地人，而且只有本地人才是评判民族志的唯一标准。参见 Adam Kuper, "Culture, Identity and the Project of a Cosmopolitan Anthropology," *Man, New Series*, Vol. 29, No. 3 (1994), pp. 537-554.

某种宗教的了解和体认。[1]后者是为方便其进入，而前者则是为了让其能出来。在整个研究过程中，人类学家都在不断地重复这个过程，进入—出来—进入—出来。这不是一个一次性的事件，而是在他者与自我之间的来往反复。

也正是在这样的往来之中，人类学家试图能更为确切地理解被研究的某个宗教或某个群体的真实文化，从而做出更为贴近真实的记录，并以此为基础进行合理的分析和综合，构建对某一宗教现象和问题的解释和理论。

结语

正如本文开初所说，不同的研究进路和学科都有其自身存在的理由和合理性，也彼此需要和互补。本文所提供的主要是一个人类学的角度，而且是其中一位人类学者的角度。其愿望无非是，在宗教研究的神学、哲学、史学、文学、社会学、宗教学等诸多声部之外再填补一点人类学的声音，以促进不同学科之间彼此的了解、尊重和合作，使得宗教研究这部交响曲更为动听。

---

1 尽管我在前文中提到信徒或有情感认同者容易进入，但对没有信仰认同的研究者来说，具有相当的宗教知识显然也会有助于其进入。

往来于经验与理论之间 [1]

　　回顾过去二十余年的人类学生涯，或许可以如此小结：

　　人类学于我而言，不仅仅是一个饭碗、一门学科，或者一个角度、一种方法，更是一种生活方式，令我得以跌跌撞撞地穿梭于自我与他者之间，历经文化、观念、价值的碰撞，和在碰撞中的自我破碎，并在自我破碎后的废墟中重建自我。同时，我也越发能理解威廉·亚当斯的那句话："人类学最令人欣慰的悖论，也是它最激励人的特征，就在于研究他

1　本文部分文字曾见于《作为一种生活方式的人类学与人类学家的自我发现之旅》一文，原载黄剑波、龚浩群、李伟华主编《成为人类学家》，华东师范大学出版社，2020 年。

者的同时也是一个自我发现的生命旅程。"[1]

1997年，我在糊里糊涂中进入人类学/民族学领域，上了"贼船"。作为硕士导师，张海洋教授是引导我进入人类学浩瀚天地的第一人，其治学之严谨、思想之深邃，于我受益匪浅。三年的硕士课程完成后，我才算对人类学/民族学多少有点儿感觉。

硕士毕业后，我有幸师从林耀华先生继续人类学研究。可惜林先生年事已高，没过半年就仙逝了。但在与先生匆匆几面、简短交谈中，我已领略到他对学术的终生追求精神。作为林先生的大弟子，庄孔韶教授成为我博士期间主要的实际指导者，其严谨学风、飘逸文章及随和品性，使得我这三年的学习成为一种享受，如沐春风。

但说实话，我对学术研究的真正理解和真正投入，可能是在完成博士论文，拿到了那张博士证书之后。

廿年回首：我与博士论文

当年旧作，近日重读，发现那显然不过是一些阶段性的想法。不过，粗糙之中不乏真诚，间或还有若干有意思的点，当时无力展开，如今看来倒是仍有继续探讨和深入的价

---

1 ［美］威廉·亚当斯:《人类学的哲学之根》，黄剑波、李文建译，广西师范大学出版社，2006年，第394页。

值。或许，可以于此再补写一个后记。事实上，这本完成于2003年的博士论文，在经历种种艰难之后终于在2012年借道香港得以出版，文末附录了至少四份后记。

说不定，也可以参照英国人类学家玛丽·道格拉斯（Mary Douglas）在《制度如何思考》[1]（初版于1986年）中所说，为其成名之作《洁净与危险》[2]（初版于1966年）撰写一个"事后的理论性前言"。

民族志研究有两个必须回答的简单问题：一是田野调查的时间长度，以此表明一项研究的可靠性和可信性（尽管这显然存疑）；二是田野调查的地点，似乎存在着一种越遥远或差异度越大就越好的"纯正级序"。

我在2000年入读博士课程之后，在田野点的选择上很快就取得了导师的同意。最初的想法很简单：其一，寻找一个村庄，村庄往往是经典的民族志研究单元，利于展开研究；其二，与基督教相关，这是我的个人兴趣所在；其三，汉人社会，因为当时庄师正在北方布点，以期展开对北方汉人社会的相关研究。因此，地处西北腹地的天水吴庄似乎满足了

1　[英]玛丽·道格拉斯：《制度如何思考》，张晨曲译，经济管理出版社，2013年。Mary Douglas, *How Institutions Think*, Syracuse: Syracuse University Press, 1986.

2　[英]玛丽·道格拉斯：《洁净与危险：对污染和禁忌观念的分析》，黄剑波、卢忱、柳博赟译，民族出版社，2008年。Mary Douglas, *Purity and Danger: An Analysis of Concepts of Pollution and Taboo*, New York: Frederick A. Praeger, Inc.,1966.

前述的全部条件。

以吴庄基督教作为我的博士论文选题，最初的理论关怀相当模糊，只是隐隐约约地觉得，中国基督教在二十世纪八九十年代的快速发展需要有扎实的实地调查，同时（北方）汉人社会在近代以来的各种政治、社会、文化的冲击之下如何存续，需要得到一些建立在现实个案之上的分析和解释。对此，我在2010年9月的"补记"里有一个简单的交代：

　　就我个人的研究线索来说，从博士论文研究的乡村教会，到博士后研究时期的城市教会，再到计划于今年内完成的考察城市化过程中的从乡村到城市转移的"民工教会"，前后十年，我意识到自己对于中国基督教的"面上"的研究已经可以告一段落了，尽管我的进路其实是"点上"的个案研究。我同意一位前辈的指点，认为我的研究似乎缺乏一种理论上的一致性，但我同时也意识到，正是这个进路使得我在研究过程上区别于那种以某种理论为指导的求证式调查研究。与之相反，我所期待的是在这种田野经验的积累过程中逐渐获得一种对现象世界的"感知"，并进一步期待在此基础上抽取出一些观察，或所谓理论。之所以说是一种感知，我想要强调的是这个研究过程不仅仅是一种认知上的了解，也包括了对于活生生的人和群体的感受及体察。

在这篇"补记"中我也提到：

> 我所理解和从事的中国基督教研究具有三层意义。它首先是一个"中国研究"，也就是说，我对中国基督教的研究乃是放在中国社会，尤其是迅速变化和转型的中国当下的处境中展开的，试图要理解的是中国或中国社会这个或许过于庞大的议题。其次，它是一个"基督教或宗教研究"，也就是说，我对中国基督教的讨论乃是试图更为深刻地认识普世意义上的基督教，更进一步，则是试图探讨宗教之本质，或者说"宗教是什么"这个看似简单却复杂无比的问题。其三，它是一个"人类学或文化理论研究"，也就是说，我对中国基督教的观察是一种宗教人类学的进路，还要试图对于普通人类学的理论关注和议题做出回应，特别是其中的文化理论。

因而，整个论文实际上是试图去处理三个大的方面的问题：其一，中国研究特别是汉人社会问题，涉及中西之争还是古今之变的问题；其二，是基督教及宗教问题，包括了人们生活中信仰、实践的神学及社会中的教会等议题；其三，则是人类学的问题，即文化变迁。

我想说的是，我们不能将基督教或宗教仅仅视为政治性的抵抗、经济性的反应、文化性的偏离，而是要将宗教当成宗教。当时还没有读到刚刚兴起的英语基督教人类学作品，罗宾斯的《成为罪人》也是在我完成博士论文后才出版，但我在这一点上算是契合了他所强调的：基督教理当作为人类学研究的正当内容，而不仅仅是对某种其他事物的反应、呈现或扭曲。这样看来，我当年的一些想法在无意中回应了时代性的议题。

作为特定年代下的产物，我的博士论文也是一项社区研究。我的一位朋友曾以"可怕的全面性"来评述我的论文，这当然受制于英国式结构功能论的社区研究套路，与当时的学术训练有关。如果说这篇论文有一个统摄整部书稿的逻辑和线索，大概可以这样说："将各个章节勾连起来的是处于吴庄这个乡村社区中的基督徒及其教会，所希望展现的是基督徒个体与教会群体是如何与自己、与他人、与社区进行互动的。"

在论文的写作上，个人性的写作与有温度的文字也是当年我动笔论文时一直考虑和试图去尝试的事情。博士论文完成至今，多种文体写作、书写有温度的文字、做自己真正关怀的研究，一直是我践行的一个基本理念。

从 2000 年思考选点、选题开始，博士论文至今已过去了二十年。二十年后回头看当年的第一部完整意义上的民族志作品，汗颜之余，有不少感触和反思。借用我在 2014 年出版的专著《人类学理论史》中倡导的写法，可以从社会史、思想史及个人生命史三个方面对我的博士论文略作一个总结：

在社会史层面上，世纪之交的中国仍然在努力进入以世界贸易组织为代表的全球经济体系，"富强"以及相应的带有强烈方向性的发展话语成为最具有凝聚力和号召力的概念。研究乡村社会，尤其是研究在快速变化和强烈冲击下的中国乡村如何自处和回应，是在纯粹的学理性思考之下暗含的一种社会关怀，某种意义上说"救亡"（或发展）的叙事和情结引导了当年这项西北乡村汉人社会研究。尽管我很清楚这么说来难免给人一种老气横秋的感觉，但我在阅读和思想上确实一直更为接近"五零后"或"六零后"早期的一代，实属严重"早熟"或"错位"。

在思想史层面上，可以说中国在很大程度上并没有摆脱如何与西方、与现代性以及与自身文化传统相适应并和解的问题。与此同时，作为一门现代社会科学的人类学所提供的学术训练，一方面继续强调"迈向人民的人类学"这一经世济民的应用性，另一方面也越发强调学科规范和学术性。虽然已接触到一些新的理论和方法，甚至包括不少后现代作品，但经由费、林诸老引入中国的英国式结构功能论及社区研究仍构成了我当年的基本学科性训练，也奠定了这项研究的基调和整体格局。

在个人生命史层面上，我对宗教（特别是基督教）的兴趣与业师其时正在北方展开汉人社会研究的设想在西北一个汉人村庄那里取得了巧妙的契合，在民族志的写作中也得以纳入了在当时来说具有一定实验性的写法，将一些相当个人性的感受和体验以随笔的方式嵌入到学术性文本中。人生种种机缘，确实意外远远大于规划。尽管也有不足为外人道的苦痛和挣扎，倒也说得上是"痛并快乐着"，尚不至于落入"甜蜜的悲哀"那种本质上彻底的无望与无奈。

简言之，这项研究的展开和完成于我个人来说无疑是学术人生之初现，也开启了下一段继续思考何为中国、什么是宗教（基督教），以及怎么做人类学研究的旅程。

从"修/修行"到人类学的中国思想资源

尽管前文提到我希望我的研究可以观照到中国研究、宗教研究和人类学研究三个维度，但扪心自问，可能最深层或最根本的问题，或者说，于我个人来说最为切身的问题，反倒是一个与自身经历相关的问题，即何为基督徒，何为基督教？从这个意义上来说，对"成为"的关注并不是近年来在参与推动"修/修行人类学"研究时才有的新奇想法，而是早早地就内在于作为一个活生生的个人的生活经验之中。

回顾自身的思考和研究进路，可以说，最开始我是进行比较社会层面的探讨，无论是博士论文阶段完成的乡村基督教研究，还是后来做的关于城市教会以及农民工教会的研究，基本上都还是在这个层面上的调查研究，与宗教社会学的路子比较接近，因此我也与该领域的学者来往和互动比较多。不过，从 2004 年前后，我就有意识地增加了与历史学和哲学／神学相关领域的交流，试图在历史的脉络中展开研究，在哲学的深度上有一定的思考。当然，我一直也有意识地将人类学所强调的"地方／地方性"（local or locality）作为我的关键词切入到宗教（学）研究中去，例如我出版的《地方性、历史场景与信仰表达》（2008）[1]、《地方文化与信仰共同体的生成》（2013）[2] 等等。

谈到地方性，显然就不能不提到格尔茨那篇著名的论文《地方性知识》[3]。就我的理解来看，他所探讨的地方性并不仅仅是一个空间上的概念，而是指某个地方、某个人群、某一时段，其知识乃是地方性（local）的。我一直觉得，将"地方"（local）译为"地方性"实在是一个无奈的选择，因为似乎还找不到一个更能贴切地表达其完整意义的中文词汇。事实上，中文的"地方性"一词本身就会直接让人将其与地理空间关联起来。

术语的翻译暂且不论，格尔茨这个洞见的意义在于指出了一些所谓的常识或普遍性知识可能不过是被推广，甚至意

1　黄剑波：《地方性、历史场景与信仰表达：宗教人类学研究论集》，中国戏剧出版社，2008 年。

2　黄剑波：《地方文化与信仰共同体的生成：人类学与中国基督教研究》，知识产权出版社，2013 年。

3　［美］克利福德·吉尔兹：《地方性知识——阐释人类学论文集》，王海龙、张家瑄译，中央编译出版社，2000 年。Clifford Geertz, *Local Knowledge: Further Essays in Interpretive Anthropology*, New York : Basic Books, 1983.

识形态化的某种"地方性知识"。因此，我在使用"地方性"一词的时候，所强调的不仅是说基督教或任何宗教都发生和存在于某一特定地方社会场景中，也隐晦地指出所谓统一的基督教在实际上存在着诸多不同的理解，地方社会的理解，特定人群的理解，某一历史时期的理解，即我在书中所提到的多元中的统一（unity in diversities）。

至于对历史场景的强调，则是对我自己这些年来的"当代"研究的一个反思。我发现，在关注现状问题的时候，我常常忽略了将其放置于历史过程中进行考察，就算有些时候也提到所谓的历史背景，但常常不过是将其作为一种"布景"，或赖特·米尔斯所说的"摆摆样子"（formality）而已。

沿着这样一个思考的路径，大概在 2013 年前后，我进而试图去处理到底一个宗教信徒如何体认其信仰，如何实际感受和"成为"（becoming）一个宗教实践者。这也就是最近几年我和杨德睿、陈进国等人一起在尝试的一个研究方向，即对"修"或"修行"的探讨。我想说的是，我们所讨论的"修行"与当下流行心理学的或者是宗教神秘性的"修行"不同。我们是要通过对"修行"的研究回应人类学的问题。这个问题是什么呢？那就是透过研究文化的差异，最终探索"人何以为人"。

过去几十年中，我们越来越意识到的一个问题是，人类学尤其应该关注普通人是如何去做的，而不像其他学科的传统研究视角那样，往往去找某个获得某种神圣地位的、模范性的"大师"进行研究。人类学理当关注一般人怎么去理解、领受经典并内化为自己的一部分，并且在宗教生活中加以应用。我们看到的被教导的宗教，与一般人感知到的宗教，以及一般人如何具体进行实践，这三者是有差距的。我们格外强调普通人、平信徒 [1] 如何去理解修行，如何去实践修行。

有关"修／修行"的这些思考，我们已付诸实践。从2015 年我们正式倡议"修／修行人类学"以来，短短数年间已得到不少同道的积极回应并撰文参与，迄今为止，我们已经成功举办了六届研习工作坊。我们还将继续践行这一思考，期望能有更多的收获和启示。

其实我已经提到，我们关注"修／修行"的最终目的，是想探索"人何以为人"的问题。扩展来说，有关"修／修行"的问题也就是"学以成人"的哲学问题。

简言之，我们的研究虽然目前主要集中于宗教领域，但确实并不仅仅是关注"修身成道"这样的"宗教"问题，而是"成人"这样的问题。如果我们对汉语"修"字进行一个简略的知识考古 [2] 就会发现，"修"可以被看作是一个渐进完美的过程。"修"是一个去除自身污秽使其洁净，再饰以美

1　平信徒，即基督教会中没有教职的一般信徒，又称教友。——编者注

2　黄剑波、张真瑞：《"文"的意义与"化"的过程：作为一种文化实践的语言与言语》，《社会学评论》2020 年第 4 期。

好之物以达到完美的过程。那么这一过程便隐含了"修行"所带来的"成为一个更好的人"的假设和诉求。

虽然目前我们是从宗教的角度切入，探讨所谓修的问题或者修行的问题，但我们希望观照一个人如何成为一个更好的人。我们希望通过行动和实践，最终帮助一个人成为更好的人。而且，不仅是在个人意义上的"好"和"更好"，更是社会意义上的"好"和"更好"。更进一步来说，人类学还需要问的不仅仅是社会意义上的"好"和"更好"（这个可能更多是社会学关注的问题）。我觉得，人类学可以有一个更宏大的关切，即人类意义上的"好"和"更好"。这就可以超越具体的社会结构、社会制度问题，而上升到人类作为种群的问题。

当然，我们的这些思考和设想还处在初步阶段。从人类学学科的角度来说，一个基本的背景是我们对至少是宗教人类学研究中的政治经济学进路和结构功能论统治地位的感知。政治经济学进路和结构功能论取向的研究当然产生了一大批重要的学术成果，并且仍是一个有益的研究进路，但如果仅仅局限于此，显然是不足够的，很多问题难以触及。一个比较显著的问题是，在我们的民族志作品中，具体的人基本被隐藏甚至消失于一些概念、框架及理论分析之下，留下的是被抽空了的"人"。

另一个显而易见的问题看起来则是相反方向的，即那些看起来非常抽象的理论讨论、学理分析，很多时候又是非常琐碎的，纠结于一些细小的、局部的，甚至无聊的辨识和争论，无法将民族志的写作提升到人类学层面，从根本上放弃了古典人类学的最终关怀，将自己囚禁于对具体文化的描述和分析，闭口不谈对人之为人这样最为根本性问题的探索。当然，奢谈人或人性的问题容易沦为流俗和空洞，并且也不是每一项具体的研究或文章都必须扯到这里去。但是，我坚持认为，这过去是，也理当继续是学科性的最终关怀。

这样一种对"修/修行""成人"问题的关注，也就可以与当下我对"人类学的中国思想资源"这一论题的探讨联系在一起看。我一直强调，"人类学的中国思想资源"论题中一个不可忽视的层面是对日常生活的关注。学人类学的人都知道，像"玛纳""萨满""图腾"等一系列词汇业已成为我们人类学知识体系当中重要的术语。但是只要我们稍加追根溯源便会发现，这些概念、术语是原来学者们做研究时，在他们的研究地找到的一些词。后来，这些词慢慢成为一种学术性的、分析性的概念。但是我们认为，它们并不是真正意义上的学术性、分析性的词汇，而更多是一种描述性或比喻性的说法。

那么在这个意义上，我们想说"日常生活与人类学的中国思想资源"的一个可能进路，就是在我们中国人的日常生活里面去发现他们的"日常语言"，发现那些真正深入人心的词汇、概念、术语。我们想通过这些"日常生活的实践"去了解并理解，普通的中国人到底是怎么生活的，他们是如何理解、组织自身的生活的。

联系到前面我提到的"修/修行"问题，我们知道"修""修行"等词在中国的传统文献中用法极其广泛，同时，这类词所蕴含的意义也处处体现于普通民众的日常生活之中。另一方面，这些词也关涉我们人类学所关注的文化习得、文化传承问题。那么，我们关注和思考"修/修行"，就是想通过这样一个话题，去探讨普通民众的"日常生活实践"问题。

同时，我们也要注意关涉中国文化中的"修"及"修行"特征。所以，我们强调既要在历史文献中去寻找那些"沉默的修行"，从"修"的字形和字义梳理进行具体的考辨，对"修""修行"等词本身的意义及其延伸加以研究和辨析，考察古人的修行实践及其意涵等等；也要从实际田野出发，寻找当下社会被普通大众实践着的"修"与"修行"。我想，这既是我们倡导"修/修行人类学"的初衷，也是我对于"人类学的中国思想资源"思考的具体尝试。

要而言之，我对"人类学的中国思想资源"这一论题的考量，着重强调的是日常生活经验性研究进路和历史文本进路的结合。我们知道，按照美国人类学家萨林斯（Marshall Sahlins）在《甜蜜的悲哀》[1]中的梳理，西方人类学以及整体

1　［美］马歇尔·萨林斯：《甜蜜的悲哀：西方宇宙观的本土人类学探讨》，王铭铭、胡宗泽译，生活·读书·新知三联书店，2000年。

的社会科学（包括经济学）在思想底层其实是一种深厚的基督教人论观念，其关于人之罪性与人神绝对差异的看法从根本上引发了西方资本主义经济的发展。这当然只是一家之言，但如果我们能加以借鉴，或许也可以从这一角度来审视中国文化的深层逻辑。

就中国来看，性善论可以说是对人性的一个主导性的基本认识，天人合一、阴阳五行、太极八卦等可以说是关于人与自然关系的理解，而天下观、孝悌观、仁义礼智信等，则是关于人与人、群与群之间关系的概念和规范。我们都知道，中国学者在这些方面一直都在探索，自费孝通以来，一些学者已在讨论一些可能具有学科意义的中国概念，例如"面子""关系""无为""中庸"等等。

我想，这里值得提到的是庄孔韶教授在二十世纪九十年代明确提出的"文化直觉主义"。他试图将中国思想中所蕴涵的情感、体认、直觉等传统纳入当时一般被认为是更强调科学、客观、理性思考的人类学研究和写作中。另外要提到的是王铭铭老师，他在一系列讨论中国古代思想和文明史的研究中，也不断强调"天下"这一类中国古代的概念之于人类学理论思考的挑战和意义。

在我看来，深入探讨这些概念才有可能使得中国人类学不再仅仅是"关于中国的人类学"，也是对"中国的人论"的讨论以及"中国的人类学"的真正建立。更进一步来说，这也才有可能使得中国人类学对中国自身的研究能够综合并超越西方学术意义上的汉学或地区研究意义上的中国研究，以及单方面强调本土意识的国学，从而具有真正的世界意义。

当然，我们都知道，在中国社会研究中，已有很多学者指出要对历史文献（以汉文文献为主）加以重视。但我们还要进一步强调，对历史文献资料的重视并非简单地削足适履，去套用、迎合西方理论。我们对历史资料的利用，同样要做到在其具体的时空语境中对其加以理解。因为我们都知道，很多具体的概念、术语，需要回到它们产生的历史过程当中，才能明白它们在它那个时候的"意义"，由此才能更好地理解它们所经历的变迁，明白它们在我们今天所代表和包含的意义。

这在一定程度上表达了我所要强调和重视的历史文本的研究进路。另外，我还要强调前面已经说过的对日常生活经验的重视，这也是我们人类学所擅长的。可以说，"日常生活与人类学的中国思想资源"的表述表达了我所主张和强调的历史文本发掘与日常生活经验研究相结合的进路。

但我也要在这里做一个澄清：我强调的是人类学研究的经验性（empirical），而绝非经验主义（empiricism）。我在这里的这种重视和强调，就如同格尔茨在他的文集《烛幽之光》的序言中所说的那样，在他看来，人类学正是不折不扣地在执行维特根斯坦的著名呼吁：回到粗糙的地面。他说，冰面虽然理想，却无法行走，因为那里没有摩擦。

我可以再进一步说：人类学一旦失去其植根于日常生活的感知能力或经验性，也就不再具有回应人类核心问题的知识冲击力，不过是沦为另一种思考和言说的游戏而已。

未说完的话，继续做的事

学人类学的都知道，国际人类学界近年来最为引人关注的一个动向即对伦理行动的高度投入，构成了一个所谓的"伦理转向"。当然，除了这一个转向外，另外一个转向，本体论转向也是近年来国际人类学讨论的热门话题。一定程度上，我们也可以说这两大转向在很多方面有共同之处，它们都试图去颠覆人类学既有的一些思想和概念。当然，这些尝试将带给人类学自身多大的冲击和改变，我们现在还未可知，但是这些都值得我们去做进一步的思考和关注。

再回到我们当下自己的生活，在中国当下的经验现实中，我们可以清晰地感受到社会文化转型过程中的种种纠结和疼痛。如何更准确地理解中国，以及如何回应和贡献作为一门现代社会科学的人类学，就成为我们对这些纠结和疼痛的关注和关怀。我想，这与我强调的"人类学的中国思想资源"是并行不悖的。

我还想说的是，经验是生成性的，不断涌现的，同样，理论就更必然是生成性的。越是思考这些所谓理论的话题，你就越会发现，其实生活才是更真实的现实，所有理论都不过是在试图描述、解释或阐释我们的生活经历。这也就意味着，并不存在一个能够解释所有现象的通用理论。

当然，反过来说，也从来不存在一个"过时"的理论，只有理论有没有解释力的问题。用我时常在课堂上给学生讲的一句话来说，理论是拿来用的，不是拿来背诵的。理论是被生产的。每个人在实践上其实都在进行理论生产，只不过理论确实有高下之分。这也一直是我在"人类学理论史"课程多年教学中反复向学生们强调的一点，这个课程不是为给大家一些理论或人物的知识点，而是希望大家能揣摩出理论是如何被生产出来的过程和方式。

具体来说，是希望学生们能通过系统完整的阅读，了解到具体的人类学家如何在具体的历史社会场景中生发出什么样的研究问题，援用了哪些思想资源，并由此完成其民族志及理论写作。换言之，我们要从社会史的宽度、思想史的高度以及个人生命史的温度三个维度来考察这一过程，因为一项理论的产生直接与人类学家的生成过程相关，这一点是我一直以来强调和坚持的。

其实，不管是对"人类学的中国思想资源"的思考，还是对人类学伦理转向等的关注，我们所有的努力和思考均旨在一方面回应人类学的理论问题，另一方面试图更深入理解中国现实。经验和理论从来都不是，也不应该是一种单向关系，无论是从哪一端开始。相反，它们从来都是彼此交互刺激，最终旨在帮助我们理解我们的生活现实。

回到人本身的人类学 [1]

今天的人类学似乎在不断卷入其他学科，产生一种溢出效应。这造成了一个有趣的悖论：尽管人类学在学科地位上保持了边缘性，但它的知识内容却影响了众多其他学科。

这一悖论，模糊了我们对人类学本身的认识。尤其是在当下这个提倡"本体论转向"的时代，人类学倾向于反对人的中心地位，强调物或其他主体的存在。这当然带来了很多新的创见，但也在某种程度上忽略了人本身的重要性。批评"本体论转向"并非提倡要回到古典时代的人类学，而是要回归古典人类学所强调和指向的最终问题：人。在古典人类

1　本文原为 2021 年 12 月 4 日在中山大学人类学系的会议同题发言，感谢梅汝阳根据录音整理成文。收入本书时略有修改。

学的研究中，无论是讨论文明或文化的演化，还是讨论人的生物演化，都有一种历史或时间的维度，所试图回答的问题都是：我们从哪里来，我们是谁，要到哪里去。

对古典人类学时期的研究而言，无论是基于生物或体质的差别研究人的特征，还是通过辨别文化的差异理解人，或是通过比较不同的社会类型理解人，都是在各种差异中发现人之所以为人的关键要素。尽管众多古典人类学作品的殖民主义背景在今天仍有待商榷和反思，但它们对理解人本身所作的贡献，却是不容置疑的。当然，对差异的强调也有可能转变为一种执念，甚至演变为一种身份政治，这种趋势也是需要我们去警惕的。

在当代人类学的"本体论转向"背景下，对人的讨论出现了一些变化。很多时候，我们借助对非人的研究以及物与人之间关系的研究来反观人类自身。除了最典型的关于动植物的研究，还有很多类似的尝试。例如国内学界的王铭铭、渠敬东老师最近提到的山水与人的议题，就属于这一类的讨论；又如近年来关于泛灵论的讨论，试图将精灵与超自然的事物纳入讨论范围。这些研究当然都有其重要性，在一定程度上拓展了观察人的角度，使得人脱离了一个扁平的维度，变得更加立体。

从古典人类学时代到如今，人类学对人的讨论边界一直在不断拓展，这同时也在某种意义上减少了对人本身的关注。回到人本身，并不是回到现代性意义上的个人，而是回到天然内在的"关系人"。众所周知，现代社会科学时常预设一个先于社会的个人。这种现代社会意义上先在的个体，是基督新教影响下近五百年的欧洲思想产物。强调天然内在关系性（intrinsically social）的人，是为了祛除原子的人。处于关系之中的人，在四个维度上与他者相互关联：不仅和他人保持着一种相互性，也与超自然相互关联，与周围的栖居世界息息相关，甚至与自己都有互动。在这种立体的相互关系中，才能够更好地理解人。

值得一提的是，当下的社会或文化人类学在理解人的问题上，经常忽略自然科学，忽略生物科学尤其是神经科学的相关作用。近年来，神经科学的发展已极大挑战了所有学科关于人的认识，关于人应当如何、人可以如何的问题。尽管已有相关的学者在进行类似的努力，但这些视角和知识仍然极度缺乏。

在如今的许多研究中，人已沦为配角，不再是研究的重要主题。然而，实际上在当下对超人性（transhuman）的理解等研究中，仍需要我们深入探究人和人性的相关问题。古希腊有一句名言："人是万物的尺度。"或许它体现了某种人类中心主义的立场，但也是在提醒我们，人才是这个世界的思考者。

回到本次论坛。今天，我们不仅仅是在经验中国和人类学。作为一个人类学者，我们也需要去经验当下。所谓的经验，究竟是一种外在客观的经验事实（Erfahrung），还是发自内在的一种体验（Erlebnis）？我想我们很多时候忽略了这种内在体验，这不仅是古希腊时代的一个问题，也是当下我们对人的内在特性的一些忽略。

辑二

各有心情在

恐惧与焦虑 [1]

我们在谈到恐惧、害怕或者惧怕的时候，通常想到的是恐惧的对象。

比如，我们害怕死亡，害怕敌人对我们的伤害，尤其是大规模的屠杀。我们也害怕饥饿带来的伤害，害怕自然的灾害，比如海啸、地震给我们带来的伤害。所以我们关注这些"恐惧的对象"。

但是现在，如果你注意观察自己的身边，就会发现，恐惧本身成了新的威胁。

其实，恐惧是具有文化性的，我们对恐惧的认知、体验，

---

1 本文原为 2011 年 10 月 30 日在北京举行的非营利科学讲坛"果壳时间"第九期"关于恐惧的时空体验"主题活动讲稿。收入本书时略加改写。

以及我们应对的方式是会受到文化的影响的。文化背景会给我们很多关于恐惧的信息，比如，看到某个东西你应该害怕，应该害怕到什么程度，应该怎么样去回应它。

几年前，我去美国某大学访问。刚到的第二天，就有一个美国的同事向我发出邀请（一个友好的邀请），他请我一起散步、聊天。而见面的地点，就安排在学校旁边的墓地。我的第一反应是"啊？我有没有听错？"于是，我再次确认，他说的确是墓地。

去到这个墓地，我才发现这实际上是一个让人不会产生恐惧感的场所，很舒服、很安静。后来，我也喜欢上了这个墓地，自己也常常去散步。而且，我发现，在这个地方散步的，不仅有友好的同事，也有相恋的男女去约会。

但中国的墓地，给人的感觉通常很不一样。其实有人照看的墓地还好，乱葬岗给人的感觉才更加恐怖。为什么东西方会如此不同呢？所以我们说，恐惧因为文化而异，或者说，恐惧是由文化告知的。

谁需要恐惧？

在中国，清明节的时候，无论是在乡村还是大城市，你都会发现有人在路边或是小河边烧纸，表示对祖先的孝敬。你会发现，除了我们相信，逝去的鬼魂可能会收到这些东西，这么做更多是让我们有一种安定感，让我们可以免于受

148

到他们的侵扰。

1933年，罗斯福总统就任时讲了一句名言："唯一需要恐惧的是恐惧本身。"当时美国正处于经济危机，很多人都深陷恐惧之中。过了七十年，2007年4月，英国社会学家弗兰克·菲雷迪（Frank Furedi）在一篇文章里提到一个很有意思的看法，他说："唯一需要恐惧的是'恐惧文化'本身。"[1]他谈道，"9·11"事件后，美国的社会充满了一种文化性的恐惧，而且不仅体现在日常生活中，甚至在外交政策里面也有体现。

在中国，我们的生活中也充满恐惧：坐动车怕出事故，旅游怕遇上截访的，看到老人摔倒不敢扶，吃饭怕吃到有色馒头、地沟油……这些恐惧已成为我们的文化心理，并且我们每天都在面对这种心理。所以，文化带来的恐惧是离我们很近的。

我们常常谴责那些没有对弱者伸出援手的人，没有基本的道德底线，没有做该做的事。但是，我们不得不反思，他们之所以不愿意伸出援手，是因为内心有一种恐惧，害怕一旦伸出援手，可能会惹上麻烦，还可能会被讹上。

所以，这就涉及另外一个问题，当社会学家或是人类学家在讨论文化性的恐惧时，有一个很有意思的看法是，他们

1　Frank Furedi, "The Only Thing We Have to Fear is the 'Culture of Fear' Itself," *Spiked*, 4th April 2007.

通常认为"怕源于不确定"。

不确定，所以恐惧

二十世纪有两位很有意思的学者——埃米尔·涂尔干和马塞尔·莫斯（Marcel Mauss，1872—1950）。

这两位法国的犹太思想家合写了一本很有趣的小书，叫作《原始分类》[1]。在这本书里，他们提出：人类有分类的天性，分类的目的是给我们带来秩序感，秩序又是一种确定性。因此，他们的潜台词是"我们怕，是因为不确定"。在这本书里，两位学者还提到中国的分类体系，"天干地支、四相八卦、五行风水"。在涂尔干和莫斯看来，这些其实都代表了古代中国人对世界和宇宙的秩序的认识。

英国人类学家玛丽·道格拉斯研究的一个非常重要的主题是"洁净"问题，她的一本著作就叫《洁净与危险》。在她看来，洁净不是一个纯粹的卫生学问题，其实是一个分类和秩序的问题。

《圣经·旧约》里有一卷书，叫作《利未记》，里面对"哪些东西是洁净的，哪些东西不洁净"有大篇幅的讨论。道格拉斯在她的研究中花了相当大的篇幅讨论犹太人的食物

---

1 ［法］爱弥尔·涂尔干、马塞尔·莫斯:《原始分类》，汲喆译，上海人民出版社，2005 年。

禁忌问题。她解释说，《圣经·旧约》之所以提到有一些动物是不洁净的，是因为这些动物的边界是模糊的，很难将它们划分到某个正常的体系中。她谈到了乌龟，在希伯来《圣经》里，乌龟就属于不洁净的动物，因为它有腿，但是又能够游泳，因此是不确定的。

《圣经》里面特别提到，如果有无鳞的鱼，也是不洁净的。另外，还有蝙蝠，为什么蝙蝠不洁净？因为它能飞，可是没有羽毛。

我们知道，猪肉是犹太人的一种饮食禁忌，为什么呢？因为猪蹄分叉，可是却不反刍。所以在道格拉斯看来，这所有这些东西都表明，我们对秩序、结构和分类有一种寻求。如果有一个东西不在某个分类里，或者介于两种类别之间，是一种模棱两可的状态，那就是一种危险。

秩序的另一端还是恐惧

手机和钱包在餐桌上没有问题。但一双鞋出现在餐桌上的时候，你就会觉得不太干净，不应当。这触犯了我们对一个事物应该在什么位置的认识。所以，鞋放在地上和鞋放在桌子上，给我们带来的观感是不同的。

这就会引发下面的话题：人类对秩序其实有一种天然的寻求。比如，我们希望有一个政府，为我们创造有序的社会。可是，当秩序被推崇到极致的时候，就会变成极权主义的政府体系（"极权"的意思就是把秩序推到极致）。

在这里，不得不提学者汉娜·阿伦特（Hannah Arendt，1906—1975），在她的名著《极权主义的起源》[1]里，特别针对希特勒的纳粹政府提出了一个很有意思的观察。她认为，极权主义有一个特质，是把人还原成一个原子化的个人。也就是说，每个人是单独面向一个庞大的国家机器。那带来的结果是什么呢？当一个个体要面对庞大机器的时候，个体就会产生恐惧。

这和我们最初的想法背道而驰了：我们之所以需要一个政府，是期待它能带来一种秩序，使我们不再恐惧。可是，当政府把秩序推到极致的时候，它又变成了一种新的恐惧，而且是极端的恐惧。

乔治·奥威尔（George Orwell，1903—1950）在《动物庄园》[2]和《1984》[3]中，专门讨论了苏联的体制，有助于大家理解前边提到的"恐惧"。

---

1 ［德］汉娜·阿伦特：《极权主义的起源》，林骧华译，生活·读书·新知三联书店，2008 年。

2 ［英］乔治·奥威尔：《动物庄园》，隗静秋译，上海三联书店，2009 年。

3 ［英］乔治·奥威尔：《1984》，刘绍铭译，北京十月文艺出版社，2010 年。

在社会中我们一起面对恐惧

《文明的进程》[1]的作者诺贝特·埃利亚斯（Norbert Elias，1897—1990）在他的著作中谈到文明的本质。

他认为，文明的本质是恐惧的内化。也就是说，所谓的文明，尤其是所谓越高、越复杂、越高级的文明，其实是把恐惧用一个更精细的方式内化到我们每个个体里面，以至于我们可以接受，恐惧是可以去面对并且处理的。就社会来说，对失序的恐惧正好说明了秩序的合理性和价值。

最后，我们其实需要思考的一个问题是，一个人的逝去意味着某个社区或者群体可能面临一种崩溃，尤其是在一个小的社区里。在人很多的时候，大家可能不觉得少一个人是多么了不得的事。但在比较小型的社区里，一个人的逝去是件非常大的事情。这也就是为什么在传统的社区里，我们对葬礼的强调程度远远大于今天的大城市的原因。

无论你是否相信，复杂的葬礼，就是试图要确保逝者归入祖先的类别。这是什么意思呢？通常情况下，没有人会害怕自己的祖先。但前面提到，我们可能会害怕乱坟岗和乱葬岗，因为在里面有一些是孤魂野鬼。至于我们的祖先，你对他友好，也相信他对你友好。你会发现，尽管你和他们已经

1　［德］诺贝特·埃利亚斯：《文明的进程：文明的社会起源和心理起源的研究》，王佩莉、袁志英译，上海译文出版社，2009 年。

没有关系了，或者说没有可见的关系了，但他们仍然和我们有某种社会性的连接。

所以，丧礼、仪式或者手段，都是在试图把逝者归入祖先的类别，以至于我们确定他们不是危险的，是可以归类的。墓碑恰恰就是在强调逝者与生者仍有关系，另一个方面，它也是在强调人不是像原子一样，单独地、个体地活着。

在今天，我们越来越多地强调独立，强调个体，强调个体的主观感受。但我们不能忘掉，我们其实也是社会性的存在。前面所提到的这些学者提醒大家，我们是处在一种社会的关系当中，让我们一同来面对这些恐惧，使得这些恐惧可以被处理掉。

法国学者福柯（Michel Foucault，1926—1984）在他的研究里面特别提到，文化是一种规训的方式。在他看来，所有这些体系或者秩序，都是压制人性的。潜台词是说，我们需要反抗，我们需要挑战权威，我们需要打破已有的秩序和观念。

他的观点是非常有创建性的，但是我们也需要意识到，道格拉斯以及埃利亚斯给了我们另外一方面的提醒：秩序——在社会当中的秩序——与我们的生活息息相关，它帮助我们可以在现代社会里面，继续地、有意义地存活下去，让我们活得更踏实。

今天，良好的人与人之间的交流和关系，可能变得越来越少了。所以，在此我特别想要感谢果壳时间（未来光锥）的朋友，你们搭建这样一个平台，让我们可以共同体验，就算是体验恐惧，这也是一种社会性的共享的关系。

风险的事实、想象与感知 [1]

　　人工智能（AI）带来的问题，以及对该问题的理解与回应，也是社会学或人类学学者所面临的问题。面对人工智能，我们一般有两种态度。

　　一种是乐观主义式、全面拥抱的态度：把人工智能看作一种技术革命，甚至把它视为一种对人类或者人性的解放，因为它将原来不可想象的事情变为可能，也超越了人类的纯粹理性思维能力。从这个意义上来讲，人工智能遵循了一种"人性 +"（humanity+）的路径。所谓"人性 +"，即对某种人类能力或性质的增强，如基因编辑、人工器官、脑机接

1　本文原载《信睿周报》第 89 期（2023 年 1 月 1 日）。收入本书时略有
　　修改。

口等。

第二种态度则是否定的、悲观的、抵触的：人工智能的出现让人们感到恐慌，甚至引发了抵制，因为它们被看作人类社会的他者或者异类。对人性而言，这种态度不是一种"增加"，而是一种"消减"——即便不是人性的毁灭，也是一种缩减。

从上述两种态度我们可以清楚地看到，作为一种现代科技，人工智能在给人类带来便利、控制风险的同时，其本身似乎也携带着"不可控"的风险。因而，我们首先要回答的问题是：风险是否只是一个现代性的问题？其实，无论是社会学还是人类学，已经有了一些可供借鉴的研究或洞见。

在德国社会学家乌尔里希·贝克（Ulrich Beck，1944—2015）看来，风险社会是理解现代社会的一个视角，其指向一种"自反性现代性"。因此他更加强调风险作为外在性客观实存的一面，希望以此探讨现代性问题。

德国学者尼古拉斯·卢曼（Niklas Luhmann，1927—1998）的《风险社会学》[1]及相关研究可能不那么受人关注，但他的视角也非常有意思，区分了"风险"与"危险"。

英国人类学家玛丽·道格拉斯从另一角度讨论了风险问题，她提醒我们重视或强调主观性的感知，但这个问题有一

1 ［德］尼古拉斯·卢曼：《风险社会学》，孙一洲译，广西人民出版社，2020 年。

个基本背景认定：风险不仅仅是一个现代性的问题。从这个意义上讲，它有点类似于法国人类学家、哲学家布鲁诺·拉图尔（Bruno Latour，1947—2022）所说的"我们从未现代过"。

但是，为什么在现代社会中，人们越来越强烈地感知到风险无处不在，且其程度无以复加呢？在道格拉斯等人看来，这是因为现代人越来越孤零零地面对一个庞大的外在世界，个体的微小和世界的庞大形成了极大反差。

具体来讲，在以个体主义为基调的现代社会中，我们要理解风险问题，理解人们何以恐惧，何以认定某些事物具有风险，便需要超越个体主义，重提共同体或者群体性生活。

风险研究大致始于二十世纪八十年代并日益受到关注，但道格拉斯早在二十世纪六十年代便开启了有关风险的研究。在其名著《洁净与危险》中，她详细讨论了"洁净"与"不洁"的问题。她认为，洁净观不仅是现代卫生学的问题，还反映了一种社会结构，这也是人们思考的基本结构和方式，是宇宙观意义上的思考和行动过程。

道格拉斯在该书中提到，对"不洁"的认识本身就源自一种对秩序和正当性的理解和认可。她举了一个例子：如果把鞋子放在地上，人们不会觉得它有多脏；但如果把鞋子放在餐桌上，人们便会觉得鞋子是不洁净的，因为它出现在了不当的位置。这与正当秩序或者所谓的"制度"（institution，它更多指的是一种广义上的、以人类为前提的思考方式，而不是某种具体的组织机构）是有关系的。

二十世纪八十年代，道格拉斯出版了另一部名作《制度如何思考》。这本书总结了她的"制度观"，论证了制度如何赋予概念合法性和正当性，进而影响人们做出关乎生死的判断和决定。我们可以清楚看到，道格拉斯其实是在批判现代人个体自主的幻象：当你做出自由的选择或决定时，你以为自己是自由的，但事实并非如此。她提醒我们，制度对个体有约束作用，不仅影响人们的分类与认知，还可左右社会记忆。

二十世纪八九十年代，道格拉斯在其风险文化研究中进一步指出，风险感知不仅是个人性的，更是社会性和群体性的，并在某种意义上是类别性的（categorical）。所以，一个群体会认为某些东西具有风险，另一些东西则是安全的；某些群体对某些风险尤为敏感，而在另一些群体看来并非如此。在这个意义上，现代社会里的风险或许在数量上更多，在表达上更新，但绝不意味着这就是技术发展或者新技术本身的问题。从根本上来说，这其实是人自身的问题，是人的贪婪、傲慢和黑暗所致。

那么，风险需要被清除，甚至根除吗？其实"不洁"才是我们每天面对的现实，而"洁净"只是一个理想状态。正因为我们面对的是一个"不洁"的世界，所以才需要每天不断地打扫、清洁和整理。

结合贝克和道格拉斯的研究，我们会发现，他们的观点并不相互抵触，而是从不同角度揭示了风险的可能意义。风险当然具有客观性，然而风险感知同样值得我们思考和处理。通过道格拉斯式的分析进路，我们可以看到，风险不仅仅是现代性问题，更是一个人类或人性问题，涉及人对世界以及自己的生活方式的基本认知和理解，至少是对更好的生活或秩序的向往或努力。风险感知则指向一种可欲的群体生活，而非丛林式的野蛮竞争；它是不断调适、朝向更善的过程，而不是一种自以为是、一劳永逸的简单方案。人类对风险主观性的承认并非风险管理或当下所谈的风险治理，承认风险的主观性可以帮助我们深化对技术可能产生的风险的认知，有了更好的认知，就可能有更好的解决方案。

　　更进一步说，一定的风险意识是人类自我保护的方式。比如，人们要规避较危险的事物，这也是现在很多科技从业者、公司、政府努力在做的事情。在我看来，我们对风险的直面与处理"永远在路上"，因为并不存在一劳永逸的简单方案可以避免全部风险，更不存在一种可以完全根除全部风险的检测方案或解决方案。如果我们有一个方案，只可能是一个更好或者更加可靠的方案，而不是一个彻底的解决方案。

　　因此，总体来看，人工智能以及相应新技术的发展绝非洪水猛兽，我们不应对其心存畏惧，以致全面拒绝。但同时需要明了，它也绝非解决人类问题的根本方案，我们不能对其持一种简单的、无须鉴别的拥抱或期待。

回到人工智能问题。第一，我们其实很难对人工智能所代表的新技术、新场景带来的风险进行具体量化。也许可以做一系列对比，但在我看来，更重要的问题也许不是量的大小，而是类别的不同，或者说表达的不同。技术的力量越大，其被操纵后带来的破坏力也越大。在所谓的冷兵器时代，一人最多可能杀伤几个人；可进入新的武器时代之后，一个人也可能引发巨大的伤害或极重的灾难。

第二，系统看起来越稳定、越强大，其崩塌以后的后果越严重，因为整个社会的正常运转都要依靠它。我今天所谈的可能是一个常识性的问题，是一种对人和人性的警醒。在人工智能时代，万物似乎皆可计算。风险在很大程度上也是可以计算的，但它也具有不可计算性。因为计算它显然不仅关乎概率，还要回到社会维度，甚至人类认知或人性维度。

目前风险的计算基本上有两种路径。一种是以美国经济学家弗兰克·奈特（Frank Knight，1885—1972）为代表的理性经济的思路。此种经济学式的"成本—收益"计算方式往往被视为一种客观工具，用于衡量干扰行为主观价值的因素。此种思路好比将数字输入一个计算器中，按动按钮，就能得出风险发生的概率。另一种是心理学的思路，即将风险评估与个体认知相联系，通过风险偏好来探究某些人群忽视高概率风险的原因。支撑此类评估的基础往往被归结为心理学家所总结的普遍心理法则或人格特质，以及人类思维固有的非理性障碍。

这两种思路都是有张力的，所以我们才把它们放在一起讨论。在我看来，风险的概率当然是可以计算的，但我也要再次强调，风险在很大程度上也具有不可计算性。在有些话题上，它不是一个简单的计算问题或数学问题，也不是简单的理性问题。

首先，计算者是一个理性的人，我们所做的举动也都应该是理性的，但事实上，我们会发现很多时候我们其实并不理性。

其次，现在有很多理论假定我们不光是理性的人，还是个体的人，也就是说，我们似乎是在独立做决定，似乎每一个人都有自觉权、自主权。这是对现代人特别有意思的一个看法，所以我会在题目中提到"幻象"，即人以为自己是一个现代意义上的理性人，是一个自主的人。但大量决定的第一步既不是纯理性的，也不是个人性的：看起来是个人在做决定，但实际上广义的制度已经帮你做了决定。这一点道格拉斯已清楚告诉了我们。

我们需要看到，在数据的抓取过程中，人类面临很多挑战。数据抓取不光是数据是否可信的问题，从根本上来说，数据其实把人从具体的环境、场景，特别是社会环境中剥离了出来。

换句话说，我们进行数据抓取时，是在抓取非常具体、细化的数据，比如某人几点在干什么。此外，即便我们的技术手段可以对这些孤零零的个人数据做一些努力，把它们还原成整体的人及其生活场景，但我们今天仍然没有完全解决这个问题，这些被处理的数据实际上仍是个体的和抽离的。从前端的数据输入到分析，再到最后输出结果，我们会发现，最后输出的"羊"并不等于最开始输入的"羊"，二者仍然有距离。从这个意义上来讲，道格拉斯的研究让我们重提关于风险的感知，特别是对现代社会个体主义、个人主义假设的反思。

我们需要重提群体生活，重提人的社会性、群体性。我们在抓取这些数据的时候，其实还是要回归它们的社会环境。因此，无论是在数据专业训练还是实践中，数据公司都应当有意识地纳入更多社会科学、人文科学背景的学生或学者。数据科学以及人工智能行业的专家和实业者也应当思考如何将数据开发、建模和理解人类知识更好地结合起来。

人类知识虽然有在更新，但在很大程度上，有的只是换了一个术语或概念而已。从这个意义上说，日光之下并没有那么多的新事，所谓根本性的人类知识可能一直都在那里。

人工智能的另一个关键问题是法律问题，即谁应该负责任。这其实就是权利与责任如何适配的问题。换句话说，人工智能也好，任何新技术也好，谁掌握了资源，谁就是拥有最大能力的掌握者，就应该承担相应的责任。近年，我们看到人工智能在某些单一领域取得了巨大突破，这不仅是所谓的机器战胜人，在某种意义上更意味着机器取代了人。进一步来说，这其实是在鼓励或期待达到一种少犯错甚至不犯错的可能。

在人工智能领域我们可以进行这样的努力，但回到人的范畴，问题就变得比较麻烦：如果人在设计上就已经没有犯错的可能，那他／她还是不是一般意义上的人，或者完整意义上的人？如果人不被允许犯错，那么可否说他／她已经经过了某种进化？如此一来，人工智能本身的情感维度可能是一个难点。无论是人工智能的方式，还是任何的增强，它是否已经变成了一种所谓的"人性＋"？或者从某种意义上来说，它退化为"人性－"了，因为它具有某种机器性？无论是哪种情况，对我们来说都是问题和挑战。

这便需要我们从科技的问题回到人类社会的问题。很现实的一点是，我们该如何去理解这些不完美、不够强壮的人？假定人处于一种完美的状态，有竞争能力，可以参与各种创造性的工作，但问题在于，历史上、现在和将来存在的人都是具有各种缺陷的。比如现在越来越常见的失忆症患者，他们失忆到一定程度，不光无法认知世界，甚至连自己是谁都不知道，这还是我们所说的人或者完整意义上的人吗？更极端的例子是植物人。如果把人设想成一个完美的、不可以犯错的个体，就会带来一个问题：我们怎么理解甚至处置这些人？当然，这已经超出了技术的范畴。当我们思考这些问题时会发现，它的难度或者维度远比当下的现代问题或者技术问题更加复杂，更加值得我们去探索。

因而，对人工智能，我们总体上是乐观的，但只是谨慎的乐观，是怀疑式的拥抱。在此基础上，我始终觉得，我们需要对人进行限约，对可能的恶保持警惕，同时对人的能力、创造性以及可能达到的善保持期待。如果把目标设定为绝对的、根本性的，即要寻找一个所谓可信、可靠、可解释的方案，我会对此持一定的怀疑态度，因为这可能永远无法达到，甚至在某种意义上走错了方向。但如果把目标设定为更加可信、更加可靠、更加可解释的方案，那么其实我们已经开始，并已取得诸多成就。至于具体还要多久？尚在路上。

除此之外，我们还需记得，掌握、开发或使用新技术的人有了更大的能力，但能力越大，责任就越大。德与位应当一致，个人如此，群体和机构也如此。希望无论是技术发展还是社会发展，都能朝向一个更好的、大家都愿意的方向。

这个时代的燃心者 [1]

2014 年，宗教学家何光沪在新星出版社结集出版《秉烛隧中》[2]，书中收录了他从 2003 年以后 12 年中的不同文字，堪称"十年沉思录"。

这部文集虽多属短文，但其涉及面之广，却可以清楚反映出何光沪的阅读和关怀绝不仅仅是抽象的哲学或宗教学，而是对人、人心、人性的切实照拂。出版方推荐说，此书"拨开中西观念史的偏见与迷雾，发现信仰的力量，照见人性的幽暗"，在"价值迷失、人心荒芜的时代，信仰、希望与爱，乃是人生最后的支撑"。

1　2015 年 1 月 12 日初稿，2016 年 3 月 7 日修订，2019 年 9 月 23 日定稿。
2　何光沪:《秉烛隧中》，新星出版社，2014 年。

一

作为"文革"后中国第一批宗教学者，何光沪在宗教学理论和基督教研究的译介方面做出了巨大的贡献。

除了翻译约翰·希克（John Harwood Hick，1922—2012）的《宗教哲学》[1]、埃里克·约翰·夏普（Eric John Sharpe，1933—2000）的《比较宗教学史》[2]、列奥纳德·斯威德勒（Leonard Swidler）的《全球伦理》[3]等作品，他的关注主要集中于三位重要基督教哲学家的作品：詹姆斯·利文斯顿（James C. Livingston，1930—2011）的《现代基督教思想》[4]、保罗·蒂里希（Paul Tillich，1886—1965，海外华人多使用其"田立克"中文译名）的《系统神学》（Systematic Theology）[5]，以及约翰·麦奎利（John Macquarrie，1919—

1　［英］约翰·希克：《宗教哲学》，何光沪译，生活·读书·新知三联书店，1988年。

2　［英］埃里克·J.夏普：《比较宗教学史》，吕大吉、何光沪、徐大建译，上海人民出版社，1988年。

3　［德］孔汉思、库舍尔编《全球伦理：世界宗教议会宣言》，何光沪译，四川人民出版社，1997年。

4　［美］詹姆斯·C.利文斯顿：《现代基督教思想：从启蒙运动到第二届梵蒂冈公会议》，何光沪、赛宁译，四川人民出版社，1999年。

5　此书共三卷，分别为：Paul Tillich, *Systematic Theology (Vol. 1)*, Chicago: University of Chicago Press, 1951; Paul Tillich, *Systematic Theology: Existence and the Christ (Vol. 2)*, Chicago: University of Chicago Press, 1957; Paul Tillich, *Systematic Theology: Life and the Spirit: History and the Kingdom of God (Vol. 3)*, Chicago: University of Chicago Press, 1963.

2007）的《基督教神学原理》[1]、《二十世纪宗教思想》[2]、《探索人性》[3] 等。

他介绍了大批经典作品和重要学者，可以说为中断了相当长时期的宗教学研究作了非常基础和关键性的补课。

不过，在主动寻求思想资源更多可能性的同时，何光沪的思考从来都是本土性、处境性的，有着强烈的现实关怀和问题意识。他借鉴的虽然多是宗教或哲学的超越性概念，但指向却是非常明确的"中国的""人文的"和"当下的"。

从这个角度来阅读《秉烛隧中》，才能更好地理解书中每一个部分的标题，从"仰望星空""大千世界""书里书外"，到纪念性文字"吾道不孤"和个人访谈"谈天说地"，皆可见何光沪对中国当下社会文化的观察和理解。读者大可不同意他的观点，但其拳拳赤子之心不容否认。

例如，被编排为全书第一篇的《宗教与中国社会》一文，从宗教与社会的互动角度简略讲述了中国五大宗教的历史和现状，有助于全面和正确理解宗教的历史和现实功能。这也符合过去几十年来中国学界对宗教看法的流变：从单一

1　［英］约翰·麦奎利:《基督教神学原理》，何光沪译，上海三联书店，2007 年。

2　［英］约翰·麦奎利:《二十世纪宗教思想》，高师宁、何光沪译，上海人民出版社，1989 年。

3　［英］约翰·麦奎利:《探索人性：一种神学与哲学的途径》，何光沪、高师宁译，东方出版社，2019 年。

意识形态化的"鸦片论",到力图脱敏的"文化论",再到近些年来热炒的"（宗教文化）传统（资源）论"。在这篇文章中，何光沪特别对目前仍然未能得到"正名"的儒教、民间宗教及新兴宗教等现象提出自己的看法，虽然简略，但至少将这些议题拿到了公开讨论的平台上，因为正如何光沪所言，"回避问题并不是解决问题的办法"。

就基督教与中国社会的关系，何光沪多年来坚持主张应当客观评估基督教的历史贡献，并且明确指出基督教对中国来说，需要从强调"相适应"到"做贡献"过渡。这种表述上的细微变化其实意味深长，代表了学界对基督教，特别是对基督教与中国社会的看法的转变和深入。同时，与那种强调文明对抗甚至冲突的观点不同，何光沪坚持认为，基督教与中华文化的关系，"不是文化与文化的对抗，不是宗教与宗教的竞争，而是宗教用文化表达自身的精神，同时又与文化保持区分"。这个认识在当今宗教或宗教相关的紧张乃至冲突激化的世界尤其显得重要。

不同的宗教传统、文化体系、思想流派在这个全球化的时代中如何彼此看待和学习相处，将在很大程度上影响我们自己的生存空间和生活现实。也正是因为如此，何光沪的这部"用心"之作应当是引发进一步思考和探讨的开始。这需要更多人一起努力。

二

这些年来越来越多的人引用狄更斯《双城记》中的名言：这是最好的时代，这是最坏的时代。无疑，这可以是对我们这个丰裕而又焦躁和荒谬的时代之适切和准确的描绘。

然而，对处于任何一个时代的人而言，其实这段话大致也是适用的，因为对苦难的经验和对幸福的向往无论何时何地都与其中的人切实相关。而这也正是狄更斯的经典意义所在，他所讨论的不仅仅是十九世纪的英国，更是人性的问题。

一个时代需要就淋漓的现实做出批判的"先知"，需要让"丧钟"不时在我们耳边响起的敲钟人。就我们生活和挣扎其中的这个时代，何光沪试图用一个意象来做说明：

> 一群人在长长的隧道中行走，伸手不见五指，跌跌撞撞，踉踉跄跄。每一个人都看不见同行者的面孔，也不知道同行者的名字，只能听见碰壁和摔倒的声音、受伤和饥渴的呻吟，甚至哀怨和绝望的恸哭。每一个人都只能不停地前行，无法去帮助别人；最要命的是，每一个人都不知道何处是尽头，甚至不知道有没有尽头。

对任何诚实面对自己和这个时代的人来说，这个意象都能引发强烈共鸣。然而，作为一个时代的苦与痛的评论者还

170

是容易的，那是一种旁观者的冷静甚至淡漠，这样的思考有深度，但是没有温度。评论者很多时候还自觉不自觉地将自己放置于审判者的角色，将一己之见作为宇宙真理一样来推广和宣讲，这样的偏执无疑是浅薄的，就算有热度也必定转瞬即逝，因为一个人无法承载另一个人的生命，遑论这个世界的苦难和痛苦。

也因此，"蜡炬成灰泪始干"这种比拟和期许或许本身就值得怀疑。燃烧自己，成就世界和他人，看似高尚，实则是对自己和世界的双重误读。一个人本身不能是，也不可能是"光"的来源，更不应当是"光"的指向。

在这个意义上，何光沪对自己的认识是准确的：他是"秉烛者"，而不是发出光的"烛"；他是陪伴者，不是什么"精神导师"，更不是那种企图将人引到自己这里来的"大师"。可以说，他是陪同西门去见耶稣的安德烈，是告诉拿但业"你来看"的腓力。[1]

既是烛火，其光自然微弱。然而如赵越胜所说，一灯如豆，亦会照亮黑暗。烛火自然也是摇摆不定，时有风袭来，意图吹灭烛光，因此需要秉烛者小心呵护。然一己之力，何异于螳臂当车。好在，秉烛者虽然不多，但绝不孤单，并非孤军奋战的个人英雄。正如旧约时代以色列先知以利亚生

1　西门、安德烈、拿但业和腓力均为耶稣门徒。其中，安德烈是第一位跟随耶稣的门徒，腓力为了耶稣的事业鞠躬尽瘁，最终殉道而死。——编者注

命崩溃，极度绝望以至求死时所听到的那个毫不留情面的纠正：你错了，你并非那个唯一剩下的人，"我在以色列人中为我自己留下 7000 人，是未向巴力屈膝的，未曾与巴力亲嘴的"。

三

何光沪是幸运的，因为他认识到了这一点。他不愿意简单停留于哀叹世风日下、人心不古，也不愿意落入那种感怀世人皆醉我独醒的自我安慰和道德优越感。他的幸运更在于，他有一位既是同行，又能同行的人生伴侣。正因如此，他愿意与人同行，热心推动各种对话，不遗余力，鼓励年轻人和他同行问道。

我们是幸运的，因为有这样的师者，恰如赵越胜对周辅成的赞许——"燃灯者"。

这个时代是幸运的，因为还有何光沪这样的秉烛者，或者——按照他所心仪的丹柯 [1] 的形象——"燃心者"。

"燃心者"的文字最为打动人之处就在于其"心"。对一本集结了跨越十余年文字的作品，任何总结都是可疑的。但

1　苏俄作家高尔基（1868—1936）创作于 1895 年的短篇小说《丹柯》的主人公。丹柯是一个古老部族的青年，当他和族人被敌人赶入森林深处、濒于死亡时，他带领族人抗争，反对屈服。——编者注

有一点是明确的，这是一部"用心"之作。所浸泡的不仅仅是温度，还有热情。所涉及的不仅仅是理性的思考，还有心和灵的投入。

也是因此缘故，虽然从专业角度来说，读者或许可以从辑一"仰望星空"、辑二"大千世界"、辑三"书里书外"学到很多知识，但我的阅读主要集中在辑四"吾道不孤"和辑五"谈天说地"，以及文末所附三十五年"小事记"。这些文字看似琐碎，然而对以文识人大有裨益。如作者自述，所谓文以载道，作者必须先求"道"，先知"道"；所谓"道德文章"，应是道（宇宙之大道）德（道在世间之流行）必须进入文章。

是故，读者同道也当用"心"去读这部"用心"之作，由烛之光看到光之源和光之所指，由文入道。

书写普通人的历史 [1]

对中国内地读者来说，杨宓贵灵（Isobel Selina Miller Kuhn，1901—1957）很是陌生。确实，这是一位出生于加拿大多伦多的爱尔兰裔普通人，但她曾在中国西南大山深处生活数十年，影响了怒江大峡谷那一带的许多人，被称为"傈僳女使徒"。

1922 年，她毕业于加拿大不列颠哥伦比亚大学（UBC）英文系，之后先是在温哥华做小学教师，1924 年在参加夏令会时受到基督教传教组织中国内地会（China Inland Mission）派往傈僳族的宣教士富能仁（James Fraser）的影响，于是放

1　本文原为杨宓贵灵所著《多走一里路就是一台戏》简体中文版（世界图书出版公司，2013）前言。

下工作，到设在美国芝加哥的慕迪圣经学院（Moody Bible Institute）受训。

1928年，她作为内地会宣教士前往中国云南。次年，她在昆明与美国宣教士杨志英（John Becker Kuhn）结婚，之后先后在澄江、大理宣教。直到1934年，他们才终于进入怒江大峡谷的傈僳人中，一直到1950年被迫离开中国。但他们继续在泰国北部的傈僳人中传教，直到1955年她退休，他们才返回北美。

在这之后不到两年的时间中，她用上了当年的文学训练，根据记忆撰写当年在傈僳人中的经历，一共完成了八本书。1957年，她在美国伊利诺伊州惠顿市（Wheaton）离世。

必须说明的是，这本书不是什么学术著作，但其敏锐的观察和感知可以给读者打开理解我们自己的另一个角度。这本书也不是严格意义上的历史，但鲜活的生活故事可以深深打动人。实际上，这本书由相对独立的两部分文本构成，上篇《同行二里路》主要是杨宓贵灵为其他在云南的宣教士写下的小传，下篇《我们成了一台戏》则主要是她对自己生活和内心经历的描述。

简言之，杨宓贵灵并非什么重要历史人物，并没有做下什么惊天动地的大事，她的文字所记录的也多是普通人的普通故事。既然如此，为何还要费时费力翻译和出版这本书呢？

正是这样一个普通人，将自己几乎全部生命投入到一个她完全陌生的人群，显然这并不普通。更为重要的是，正是这样一个和我们一样性情的人所讲述的故事，才更贴近我们，更为亲切温暖。

得益于她的文学训练背景，读过其英文原作的人都注意到她拒绝使用奢华夸张的词藻，但其文笔相当优美，读起来畅快愉悦。更重要的是，在文字中你可以强烈感受到她真挚的情感，以及对自己内心挣扎的坦诚相告，读来多有共鸣之处。

当然，作为关注中国当代文化和西南民族地区的研究者，我也从至少三个方面出发来理解并积极推荐这一文本给内地读者。

其一，他者眼中的我们。这与当年"外国人眼中的中国"系列丛书的思路一样，即意识到我们对自己的认识其实需要借助于他人的眼光，至少这样才能更全面地认识自己。从这个角度说，这是带有一定的反向之人类学意味的，即如果说传统人类学是通过研究他者来认识自己，而这个路径则类似于看"镜中之我"。就像我们日常要照镜子一样，我们可以从别人对我们的看法中看到被映射出来的"我"。

其二，少数民族的中国。中国无疑是一个多民族多文化的政治文化共同体，但直至今日仍有很多片面甚至错误的民族观和文化观大行其道，例如在常用的概念和表述中，我们会有意无意地无视甚至排除少数民族作为中华民族之不可缺失部分的事实，将"中国文化"简单等同于"汉文化"，将"中国人"简单等同于"汉人"。事实上，这不仅是一种认识上的偏差，更是有着相当深刻的政治／社会／民族关系上的不良后果的话语。因此，更多关于少数民族的介绍和论述就成为一种必要，特别是要从那种将少数民族视为"社会经济发展上被拯救的对象"或"被消费的原始文化"的谬误，转变为对他们作为中华民族大家庭成员之一的地位的全面、准确的理解。

其三，过去的中国。近些年，我将自己的重点研究人群从西北汉人更多地转向了西南地区的少数民族，深感关于那些少数民族的历史，虽然也有不少珍贵的文献加以记录，但仍然存在很多方面的缺失，特别是缺乏多样视角或线索的历史记录，而多是"政治正确"的官方文档。这些文档当然重要，但总是让人有一种难窥全貌的遗憾感。另外，多数历史文献主要是对大人物、大事件的记载，缺乏对普通人生活的关怀，让人难以察知真正日常生活中的细节和丰富。

因此，我们需要有更多像杨苾贵灵这样的普通人笔下的普通人的生活故事，以帮助我们更贴切地感知已经成为历史的过去。历史固然是个别"英雄"的历史，但也是芸芸众生的历史，尽管后者是沉默的大多数。

阅读格尔茨的阅读[1]

人类社会在近几百年内开始进入一个快速发展的阶段。在一种对未来满怀期待的氛围中，人们整天想着的就是如何超越前人，如何能够与历史割裂，如何建立一种新范式。这一倾向在给予我们前进动力的同时也催生了新的焦虑。不可否认，人们在一味追求创新的氛围中往往容易忽略那些更加基础的工作，舍本逐末式的努力仿佛把我们事业的大楼建在沙滩上。

难以避免的是，这个时代的浮躁和焦虑也对我们的学习和研究产生了影响，尤其是在进行最基础的工作即读书时，

1　本文为 2020 年 11 月 17 日在三峡大学的讲座稿，感谢梅汝阳根据录音整理成文。收入本书时略有修改。

也容易陷入类似的误区。今天大多数人阅读时，总习惯追逐某些有名气的作品，渴望获得大量的知识和信息，追赶最为时髦的热点和理论，但在阅读过后却只会留下一些碎片化的印象，甚至无法记住相关的书名和人名。实际上，多数人都没有意识到自己根本没有掌握读书的方法，以至于无法真正对文本做出正确的判断和充分的理解。想要读好一本书，不仅需要选一本好书，往往还需要具备相应的知识储备和展开思考的线索，然而这些习惯和方法都非一朝一夕可以养成，而是需要我们在掌握正确阅读方法的基础上，去不断地练习和积累。

为此，除了要选择好书，还要去学习别人的阅读方法，通过对他人的观察和模仿来逐渐形成自己的阅读方法和习惯。

如果说，模仿和学习经典大家的阅读方法有利于我们更好地学习如何去读书，那么格尔茨的《论著与生活》[1]无疑就是这样一个合适的文本。还在中国人民大学教书时，我曾和同学们用一学期的时间在课堂上阅读格尔茨的这本书，后来经由我和中国社科院民族研究所方静文的合译，华东师范大学中文系褚潇白老师的细致校对，它的中文版得以面世。

《论著与生活》的结构很简单：前言和后言加上对四个

---

1 ［美］克利福德·格尔茨:《论著与生活：作为作者的人类学家》，方静文、黄剑波译，中国人民大学出版社，2013 年。Clifford Geertz,*Works and Lives: The Anthropologist As Author*, Stanford: Stanford University Press,1988.

人类学家的文本性评述，主要呈现了格尔茨对一些经典文本的阅读感受。虽然这本书不像《文化的解释》和《地方性知识》这些作品那样广为人知，但格尔茨在本书中所呈现的读书方法却堪称阅读的经典范例，也是值得我们学习和模仿，从而了解如何读书的一个重要例子。

一

众所周知，格尔茨旁征博引的优雅文笔在令读者神思遨游的同时也带来了很多阅读上的困难，因此在通过《论著与生活》来了解和学习格尔茨的阅读方法之前，需要首先对格尔茨的个人生平、思想资源、经典著作和写作风格有所了解，才能更好地进入格尔茨的世界。

格尔茨，1926 年出生于美国旧金山，2006 年去世。他一生在美国诸多的顶尖高校学习、任教。1956 年，格尔茨从哈佛大学博士毕业，之后分别在加州大学伯克利分校、芝加哥大学停留过一段时间。自 1970 年退休后，格尔茨一直在普林斯顿高等研究院担任人类学教授。

从学术背景来看，格尔茨的思想资源主要来源于三个人，分别是苏珊·朗格（Susanne K. Langer，1895—1985）、吉尔伯特·赖尔（Gilbert Ryle，1900—1976），还有后期现象学意义上的维特根斯坦。

例如格尔茨曾在《烛幽之光》这本文集的前言中引用过

维特根斯坦关于"在冰上行走"的比喻。维特根斯坦呼吁当时的欧洲哲学界要回到有摩擦力的大地上，因为冰面上太光滑没有摩擦力，有了摩擦力才能够行走。格尔茨对维特根斯坦的引用其实是为了强调：我们人类学家所做的工作，正是在坚实而有摩擦力的大地上去进行经验性的观察和研究，然后才能够对现实的世界有更深刻和更直接的体验，并且能够通过分析产生出更加准确的理解。

这里之所以要强调格尔茨的思想来源，是因为这也是读书的重要技巧之一，阅读一个作品就需要去了解作品这个人的思想资源是从何而来的，在何种学术背景下产生，如此才能更好地理解一个人的作品和思想。

二十世纪末以来，格尔茨的诸多经典著作被译成中文引入国内，其中《文化的解释》和《地方性知识》是格尔茨在全世界范围内最具代表性的两部作品，国内也有不少好的译作。另外，赵丙祥老师翻译的《尼加拉》[1]也十分值得一提，该书是格尔茨在政治人类学领域的一部精彩作品。除此以外，《追寻事实》[2]、《论著与生活》、《烛幽之光》等作品近年来

1　［美］克利福德·格尔茨：《尼加拉：十九世纪巴厘剧场国家》，赵丙祥译，商务印书馆，2018年。

2　［美］克利福德·格尔茨：《追寻事实：两个国家、四个十年、一位人类学家》，林经纬译，北京大学出版社，2011年。Clifford Geertz, *After the Fact: Two Countries, Four Decades, One Anthropologist*, Boston: Harvard University Press, 1995.

也开始被翻译出版。

当然，格尔茨还有大量未曾被翻译的作品，比如说他早年完成的《爪哇的宗教》[1]，以及1963年出版的《小贩与王子》[2]和《农业内卷化》[3]，1968年出版的《伊斯兰观察》[4]等作品。

在阅读格尔茨这些作品的过程中，有时候即使是最简单的字眼也需要读者动脑筋去思考它潜在的意义，因为格尔茨文章中有很多文学性的处理，有各种各样的语言，还会大量使用双关语。格尔茨作品中的这些文学特性既是令读者望而却步的根源，也是其独树一帜、广受追捧的原因所在。

例如1995年出版的《追寻事实》，其书名 *After the Fact* 就非常典型地体现了格尔茨式的语言和写作风格：看起来很简单的英文实际上有双重意涵。总体来说，《追寻事实》称得上人类学界最精彩的学术性自传之一，因为它不是一种自我英雄式的大事记，而是一种真实的、学术性的反思。格尔茨在该书中回顾了自己四十年间在印尼、北非和摩洛哥的田野工作，然后通过反思来重新梳理自己的学术人生。本书原

1　Clifford Geertz, *The Religion of Java*, New York: The Free Press,1960.

2　Clifford Geertz, *Peddlers and Princes: Social Development and Economic Change in Two Indonesian Towns*, Chicago: University Of Chicago Press, 1963.

3　Clifford Geertz, *Agricultural Involution: The Processes of Ecological Change in Indonesia*, Berkeley: University of California Press, 1963.

4　Clifford Geertz, *Islam Observed: Religious Development in Morocco and Indonesia*, New Haven: Yale University Press,1968.

名按照中文译法应被翻译成"追寻事实",但是如果考虑该书的自传性质后,就能更清楚地明白格尔茨所用的书名其实是指在四十年后重新追寻自己的过去。

另外,格尔茨1968年出版的《伊斯兰观察》一书的书名也表现了类似的写作风格。格尔茨在该书中指出,欧美人将伊斯兰教视为一个整体,但据他对印尼、摩洛哥等地伊斯兰教的观察,各地的伊斯兰教其实风格迥异。从书名来看,*Islam Observed*可以翻译成"被观察的伊斯兰",在这个意义上,伊斯兰就作为一个被观察的对象。但是如果你仔细阅读文本,明白了格尔茨试图揭示伊斯兰内部多样性的目的后,就会发现这里的"observe"还有"遵循"的意思。从这个角度来看,*Islam Observed*也可以被译为"被遵循的伊斯兰"。格尔茨用这种双关语来表达一个观点:印尼和摩洛哥分别遵循了不同的伊斯兰,它们在用不同的方式去遵循和实践各自的伊斯兰。

二

只有在对格尔茨有了相对深入和全面的了解的基础之上,才能更好地理解他的阅读方法以及表现其阅读方法的《论著与生活》一书。

例如,本文即将展开介绍的《论著与生活》一书的书名就是典型的双关语的例子。曾经有人把*Works and Lives*译成"著作人生"，但关键问题是这里作为复数的"lives"无法得到解释。这个复数不仅仅是因为格尔茨在这本书里讨论了四位人类学前辈，更重要的是，格尔茨是想在文本里问这样一个问题：人类学家所书写的到底是谁的生活？格尔茨想说，其实在我们的民族志文本中，有一种杂糅的、复数的生活，其中既有被写作对象的生活，也有写作者的生活，可以说那是一种共同承载的生活。当然，在格尔茨看来，不同文本的落脚点是写作者还是被写作者的生活，会因为每个人理论倾向以及时代特征的差别而有所不同。在《论著与生活》中格尔茨会给我们分辨，这四位作者的文本到底是在书写谁的生活。

在《论著与生活》这本书中，格尔茨选择了对大家来说耳熟能详的四位人类学家：列维-斯特劳斯、埃文斯-普理查德、马林诺夫斯基和露丝·本尼迪克特（Ruth Benedict，1887—1948）。在格尔茨看来，对这四个人的分析最能够说明他想要探讨的问题，即通过每个人的文本生成过程来看民族志写作的特点和方法论问题。

在第一篇文章中，格尔茨谈论了列维-斯特劳斯和他的《忧郁的热带》[1]。格尔茨强调，自己阅读列维-斯特劳斯的方式不同于一般人，因为他人很可能用线性的历史观来理解列

1　[法] 克洛德·列维-斯特劳斯：《忧郁的热带》，王志明译，中国人民大学出版社，2009年。

维-斯特劳斯从早期到后期的思想变化，或者从神话学切入他的思想。格尔茨所关心的是列维-斯特劳斯的文本，他认为《忧郁的热带》的文本能够最为明显地表现列维-斯特劳斯的写作策略和研究取向，在分析列维-斯特劳斯时所用的主标题"The World in a Text"，也属于格尔茨常用的双关语技巧。

读者认真阅读文本之后就会发现，主标题更准确的翻译应该是"世界在此文本中"，而不是"通过文本去看这个世界"。这里关键的区别在于，格尔茨认为列维-斯特劳斯是在邀请我们去"look at"，而不是"look through"。一般人们读一个文本是希望穿透这个文本从而得到另一个信息，也就是在"look through"。但在格尔茨看来，《忧郁的热带》的特殊性在于它要求我们直接看文本本身，即"look at"。从哲学层面来看，"look through"的阅读方法就是典型的现象学路径，格尔茨阅读文本的这种方式在很大程度上正是受到了维特根斯坦的影响，他利用现象学的哲学来影响人类学，要求我们去直面某个现象，而不是用一个预先存在的外在概念和解释来界定某个现象。

格尔茨在《论著与生活》中说："《忧郁的热带》以及从它展开的全部作品，传递的最终信息是，像神话和回忆录一样，与其说人类学文本是为了世界而存在，不如说世界是为了它们而存在。"他的意思是，关键不是我们要通过这个文本去看世界，而是要意识到，世界已经被装在《忧郁的热带》这一文本中。

从独特的视角阅读文本，使得格尔茨对文本有着更加敏锐和深刻的感受力。在他看来，《忧郁的热带》是一个叠加起来的综合性文本，由五种不同类型的文本组成。它既是一部游记（从标准的人类学田野角度来看，列维–斯特劳斯的很多记录都是蜻蜓点水式的游记），也是一本民族志，一个哲学文本，一本改良主义的政治宣传手册（正如诸多深受社会改良主义影响的法国社会学家、人类学家那样，列维–斯特劳斯也受到了马克思主义、社会主义思想的影响），同时还是杰出的象征主义文学文本，这五个文本最终一起构成了《忧郁的热带》。

结合格尔茨对列维–斯特劳斯及其文本的透彻理解来看，他之所以能见我们所未见，发掘文本内在的多种源头，正在于他作为阅读者本身所下的功夫能够与文本的底蕴相互映照。格尔茨在人类学、哲学、文学等领域的深厚积累以及他对法国象征主义文学传统的了解都是深入剖析《忧郁的热带》这一文本的关键。由此可见，好的作者需要在深厚积累的基础上才能写出好的文本，而读者要想深入理解文本本身，不仅需要抛弃既有的预断观念从而直面文本，还需要在全面和深入的阅读基础上才能更好地进入和理解文本中那些丰富多彩的世界。

在列维–斯特劳斯之后，格尔茨在《论著与生活》的第二篇文章中分析了埃文斯–普理查德的写作风格，后者的民族志写作风格被格尔茨概括为"阿科博现实主义"（Akobo Realism）。格尔茨通过普理查德的回忆录揭示了"阿科博现实主义"的民族志写作风格，即普理查德对自己年轻时参与北非军事行动的回忆并非一个学术性的文本，而是他个人的简单回忆。格尔茨介绍这一文本是想指出，普理查德的民族志展示路径的最主要特征在于其文本对文化现象的可视性呈现。格尔茨认为，普理查德的回忆录就像是人类学的幻灯片，文本似乎产生了一种效力，仿佛一张张幻灯片不断把读者拉回现场，就像现实主义的文学作品那样，给读者留下深刻的印象。

当然，格尔茨并不仅仅是想强调普理查德的文本所具有的准确性和确定性，他也提到了这种现实主义写作风格背后的西方中心主义思想，就是声称我写的非洲就是我所见的非洲，我写下的非洲就是你们所应该去理解的非洲。当然这种批评也有后来者的言过其实，实际上，格尔茨也承认普理查德的文本中最精彩的部分，同时也是对人类学最大的贡献，就在于他通过这些民族志告诉读者，那些看上去稀奇古怪的群体其实和当时的欧洲人一样，也有属于自己的政治、经济、宗教和哲学体系，有理性思考的能力，有关于神圣的理解和解释。

格尔茨在书中写道："'阿科博现实主义'……试图实现对表面怪诞的——非理性的、混乱的、异教的——观念、感觉、实践、价值观等的祛魅，不是以正式的普遍秩序的形式展现奇特的文化表述,而是通过以同样的'当然'式的语调谈论它们来祛魅。"正如格尔茨所说,普理查德是想要表达,他所研究的这些人群虽然和我们不一样,却有自己的理性和生活方式,他们的生活是合法的、正当的,而非我们所认为的——是一种非人类的或者不可理解的生活。

在第三篇文章中,格尔茨给我们介绍了英国功能学派重要创始人马林诺夫斯基。由于费孝通先生以及结构功能学派在中国过去几十年来的持续影响,马林诺夫斯基的名字对中国学者来说并不陌生。马林诺夫斯基去世于 1942 年,而他 1914 至 1915 年间和 1917 至 1918 年间在西太平洋的巴布亚新几内亚和特罗布里恩岛考察期间写下的田野日记在他去世后近二十年才出版,该日记的出版就像是一个重磅炸弹,使得当时整个人类学界对自身的写作策略和研究方法都产生了极大的焦虑。格尔茨讨论马林诺夫斯基的文章很大程度上是对这一焦虑的回应。

正如这篇文章的副标题"Malinowski's Children"所示,这里的孩子并不是指生理上的(biological)孩子,而是指马林诺夫斯基的学术后辈和遗产。格尔茨认为人类学界的焦虑和为此而进行的尝试都称得上马林诺夫斯基的遗产,他甚至认为马林诺夫斯基的遗产并不是通常所谓的参与式观察,因为严格来说这并不算一种方法,而是一种想象和愿望。在他看来,马林诺夫斯基最大的遗产是一个文学困境,是 participant description 而不是 participant observation 的问题,即我们在写作和描述时所面临的问题，研究者在表述研究过程时所面临的困境。

格尔茨强调，马林诺夫斯基日记的出版及其引发的影响只是用一个集中的方式给我们呈现了这种焦虑，其实在马林诺夫斯基的其他文本中仍然可以读出那些被掩盖的焦虑。马林诺夫斯基的文本"将感官所及……置于民族志的中心，会造成一种独特的文本构建问题：通过描述你的为人是可信的来表现你的论述的可信"。因此民族志写作是否可靠的标准就从作者论述的可信程度转变为作者本人的可信程度。格尔茨认为，从这里开始，民族志就出现了一个反省的转向——对写作者和研究者的反省。

似乎为做到令人信服的"我-见证"，必须首先成为一个可信的我，他所用的主标题"I-Witnessing"正是这个意思，所以格尔茨接下来花了大量篇幅分析马林诺夫斯基及其后辈的文本如何自我辩护，即作为一个写作者，他的身份是什么，他关于自身身份的纠结与困惑如何在文本中体现出来。这些其实都是在试图塑造一个可信者的形象，写作者正是通过这种方式来构建出自身文本的权威性和可信性。对比之下，普理查德的文本构建方式大相径庭，他会用幻灯片一样的文字来冷静、确定地告诉你，就是如此。而马林诺夫斯基及其后辈由于对自我的纠结，他们的文本首先都想要构建一个可信的我，在此基础上才会证明自身内容的可靠性。

事实上，从这里可以看出，格尔茨在阅读过程中拒绝局限于单一的文本或者某个作者，他不仅希望跳脱一本日记，要从马林诺夫斯基的全部文本中找出自我纠结的焦虑气质，而且希望将某一文本被赋予的断裂性色彩置于整个学科发展的连贯脉络中来理解。从这个角度来看，格尔茨对一部作品的解读往往不局限于这一文本自身，而认为那是作者终生问题意识的某种表现，甚至可以是学科发展过程中的某种象征。由此可见，好的阅读不应局限于文本自身，还应以小见大，以此出发去见人，见问题，见领域，甚至见到历史和社会的特定阶段及其特征。

《论著与生活》涉及的最后一位学者就是我们所熟悉的《菊与刀》这本书的作者——本尼迪克特。格尔茨指出，本尼迪克特的写作实际上深受英国文学家乔纳森·斯威夫特（Jonathan Swift，1667—1745）的影响，他最为人所知的就是著名的《格列佛游记》，所以格尔茨这篇文章用的副标题就叫"本尼迪克特游记"。

正如《格列佛游记》最为突出的风格是讽刺，格尔茨认为本尼迪克特通过对关于他者文化的那些平常可笑描述的剖析，逐渐让我们意识到，其实真正可笑的是我们自己。我们过去以为非常熟悉的东西，其实我们并没有理解；而那些看起来很奇怪的事物，反倒是可以被理解的。这也就是格尔茨所指出的，文化上近在咫尺的东西被弄得古怪和模棱两可，而文化上遥远的东西却变得合理和直截了当。我们自己的生活方式变成了一个陌生民族的奇怪习俗，而遥远土地上或真实、或想象的生活方式反而成为意料之中的行为。困惑就在于此，这些不是"我们"的"他们"却使我们手足无措。格尔茨发现，真正的问题不在"他们"，其实是在"我们"。

格尔茨认为，本尼迪克特在理论方面并没有多大的贡献，也不是我们通常所认为的那样，是在寻求对文化模式的分辨。相反，本尼迪克特是将人作为彰显差异的方式，并通过这种巨大的反差来表现她的观点。究其源头，是因为本尼迪克特深受其师博厄斯的影响。作为流亡在美国的德国裔犹太人，博厄斯一直试图在美国国内宣传一种观点，就是我们后来所熟悉的：承认文化相对性。格尔茨在这里非常准确地指出，包括本尼迪克特在内，博厄斯的众多弟子一直所做的工作就是要试图推广文化相对性的观念。

格尔茨评论《菊与刀》时认为，从看上去古怪的日本人到看起来古怪的美国人，事实上不仅没有什么不对劲儿，而是那些将之颠倒来看的人有问题，也就是说是观察者的问题。正如格尔茨所说，我们所对抗的最陌生的敌人日本，到结尾处变成了我们所征服过的最理性的人，而可笑的人是我们。在对本尼迪克特初版于1934年的《文化模式》[1]一书的评论中，格尔茨也表达过类似的看法：那些开始为我们所熟悉的对东方神秘性解惑的尝试，变成了对西方明晰性的解构。本

1　［美］露丝·本尼迪克特：《文化模式》，王炜译，社会科学文献出版社，2009 年。

来是要解惑，最后却变成了对我们西方所谓的明晰性质的解构，我们不了解他者的原因原来是我们自己太过自信。

从这篇文章中可以看出，格尔茨对本尼迪克特的分析是很重视其思想来源的，无论是斯威夫特还是博厄斯，都构成了格尔茨理解本尼迪克特思想的绝佳切入点。当我们试图去阅读和理解一部作品的时候，我们应该明白作品是个人思想的结晶，而一个人的思想绝不可能是空穴来风，而必然是在前人思想的滋养中发展出来的，尽管未必是前人思想的简单复制或混合的产物，但试图理解一个人的思想却妄图不去追溯其思想的源头，那将是不可想象的。

综合来看，《论著与生活》中所呈现的阅读和思考足以让我们明白，格尔茨的阅读确实和我们通常所习惯的阅读方式有很大的不同。当然，这不意味着以上格尔茨的这些理解就是正确的，每个人都可以有自己的阅读角度。这里所要强调的是，我们可以去学习格尔茨切入某个作者、某个文本的方式，从而对我们的阅读方法有所启发和增益。

三

尽管我们说阅读是学习者或研究者最基础性的工作，但阅读对学习者或研究者来说究竟意味着什么，却没有一个统一的答案。

在我看来，阅读最关键的是要读三个东西。第一，要读时代所面对的问题。任何作者，比如格尔茨或是他所谈的四位作者，他们都是在具体时代当中形成的，而每一个时代都有其独特性，具体的每一个时代都有它自己都可以感受到的，必须要解决的问题。理解了那个时代的问题，也就能理解那个时代的人是如何思考问题的。第二，要了解时代的思潮。当一个时代的问题出现或者被个人感知到以后，他们就需要去寻找来自不同脉络的各种思想资源。从某种意义上讲，当时的社会思潮可以被理解为个人处理或回应时代问题的各种可能性。第三，要读个人本身，只有了解这个人的生活史，你才能够明白他为什么会有这些问题和思考。

总而言之，我所认为的好的阅读方式，就是试图通过社会史的宽度、思想史的高度以及个人生活史的温度，来构成一个立体性的理解。例如我希望通过阅读格尔茨如何在一定的社会处境中形成他的研究问题，如何在种种思想资源和脉络中展开对话和思考，又如何在其具体的生活和研究中将其展现出来，完成其作品，最终成为一个我们所知道的他。

阅读，就其根本的意义而言，不仅是一种学习和研究的方法，也是我们同作者个人、同某个社会和历史阶段、同某一时代的思想者相互对话和沟通的一种方式。在这种互动之中，个人得以体验存在的另类方式。它告诉我们，个人不仅以个体的方式存在，还作为社会和历史的一部分而存在，作为整体人类的一部分而存在，甚至，以一种思想的形式而存在。

流动的社会与可欲的未来 [1]

 流动首先是空间性的，是从某地转换到另一地；但进一步讲，流动也是一个时间概念，是从某时流变到另一历史处境。当然，更完整地说，流动是一个时空问题。流动自是有快慢、有大小，因此可以在一定意义上调控其方向、速度和规模。然而，流动不等于无序：无序在很多人看来就意味着混乱。实际上，流动带来的更多是活力和可能性，是创造力的释放。

 流动当然有其物理性，即物的流动，在现代社会则主要体现为商品的流动。然而，人类社会中存在的更为广泛、长

1　本文原载《信睿周报》第 85 期（2022 年 11 月 1 日）。收入本书时略有修改。

久的物的流动现象，其实并不是我们今天熟悉的商品的交易，而是礼物的交换。正因为此，法国人类学家莫斯的经典著作《礼物》[1]的副标题即"古式社会中交换的形式与理由"。不过，无论是礼物还是商品，其价值和意义都在于流动。而在另一项人类学的经典研究中，英国人类学家马林诺夫斯基展现了西太平洋岛民一种名为"库拉"（kula）的交换体系，其关键就在于它是一个"圈"，始终处于不断流动的过程中；一旦交换被打断或停止，被交换物品的价值也就不复存在了。[2]因在库拉中流通的无论是贝壳臂镯，还是贝片项圈，其本身的价值相当有限，流动所产生的关系（relations）或关联（connectivity）才是要点。

物的流动内在地要求人的流动。尽管我们还受到一些或强或弱的区隔和限制，但总体来说，相较于二十世纪，流动的自由程度已大有改观。1945 年，费孝通先生关于云南乡村经济的研究成果在美国发表，题为 *Earthbound China*[3]，直译过来就是"被土地束缚的中国"。这无疑是费先生的洞见。不过，我们或许更应该看到，束缚人的其实并不是"土

1　［法］马塞尔·莫斯：《礼物：古式社会中交换的形式与理由》，汲喆译，商务印书馆，2016 年。

2　［英］马林诺夫斯基：《西太平洋上的航海者：美拉尼西亚新几内亚群岛土著人之事业及冒险活动的报告》，弓秀英译，商务印书馆，2016 年。

3　英文版可参见 Hsiao Tung-Fei and Chih-I Chang, *Earthbound China: A Study of the Rural Economy of Yunnan*, Oxon & New York: Routledge, 2010。

地"本身，而是与土地相关的政治社会制度。城乡之间的界限既体现为严苛的二元户籍制度，也被这种户籍制度进一步强化和落实。然而，俗话说，"树挪死，人挪活"，改革开放的关键之一就在于放松了不必要的限制，激活了人的创造力。

比之国境内部的流动，管控更为严格的当然是国家边界的跨越和流动。基于民族国家的当代世界体系对国家之间边界的勘定和控制达到了前所未有的强度。对中国人来讲，二十世纪八十年代之前，出国是一种十分稀有的特权；如今，大量中国人在全世界范围内流动和移居。任教于香港中文大学人类学系的麦高登（Gordon Mathews）多年来关注生活在香港重庆大厦和广州三元里一带来自世界各地的各色人等，即便有人对他所谓"低端全球化"的提法多有微词，但其两部作品都值得一读:《香港重庆大厦：世界中心的边缘地带》[1] 和 *The World in Guangzhou*[2]（《世界在广州》）。

另一种常见的（其实也是多数人更为关心的）流动是阶层的流动。尽管大家讨论较多的主要是向上的流动，比如教育的获得与阶层的上升，但在现实生活中，向下的流动其

---

1 ［美］麦高登:《香港重庆大厦：世界中心的边缘地带》，杨玚译，华东师范大学出版社，2015 年。

2 Gordon Mathews, Linessa Dan Lin, and Yang Yang, *The World in Guangzhou: Africans and Other Foreigners in South China's Global Marketplace*, Chicago: University of Chicago Press, 2017.

实并不少见。导致向下流动的除了个体或家庭原因，如疾病等变故，更有可能来自社会的结构性变化。如前所说，尽管阶层流动带来的并不一定是向上的期待和喜悦，但至少带来了不同的可能性。如今，流动性的缺乏则在很大程度上将这扇大门关闭，所以"躺平"成了年轻人的热词。因为他们发现，无论自己多么努力甚至"内卷"，其他一些人却可能直接"躺赢"。但问题是，"躺平"并不能保证自己在一个高度竞争和不确定的现代社会中保持在原有阶层，而更有可能面对阶层的不断降落。这进一步刺激了年轻人本已脆弱的神经，心理问题由此成为一个日渐显著的社会问题。《城市里的陌生人》[1]的作者、人类学家张鹂敏锐地捕捉到这一现象，并于 2020 年出版了 *Anxious China*[2]（《焦虑的中国》）。

除了人和物的流动，对人类社会影响更为深刻的是观念的流动。艾伦·麦克法兰（Alan Macfarlane）在与其母亲艾丽斯·麦克法兰（Iris Macfarlane，1922—2007）合著的《绿色黄金：茶叶帝国》[3]一书中，借茶叶这一具体的物的全球性流动，描述了一个另类的现代性故事，并在其结论部

1　［美］张鹂:《城市里的陌生人：中国流动人口的空间、权力与社会网络的重构》，袁长庚译，江苏人民出版社，2014 年。

2　Li Zhang, *Anxious China: Inner Revolution and Politics of Psychotherapy*, Berkeley, Los Angeles & London: University of California Press, 2020.

3　［英］艾伦·麦克法兰、艾丽斯·麦克法兰:《绿色黄金：茶叶帝国》，扈喜林译，社会科学文献出版社，2016 年。

分专辟一节（"茶、身体与思维"）讨论观念问题。在这一方向上，更有影响力的研究是西敏司（Sidney Mintz，1922—2015）的《甜与权力：糖在近代历史上的地位》[1]，这本书仍是从具体的物入手，探讨政治社会制度的变迁，描绘出了物、人及观念的全球性流动图景。

事实上，就人来说，流动还有一个心理或心情的维度，就算身体被拘禁于狭小的空间，心仍可以畅游于天地之间。或许，我们还可以由此引申到一种最根本的流动——"生生之谓易"。《周易·系辞上》说："生生之谓易，成象之谓乾，效法之谓坤，极数知来之谓占，通变之谓事，阴阳不测之谓神。"所谓"生生"，至少有三个可能的层次：一是"生成"，《周易·系辞下》说"天地之大德曰生"；二是"化生"，即"天地所生的自然万物不断地生成演化"；三是"和生"，即万物各得其性，各自生长发育其"性"，具体来讲就是保持其本来的性质、本来的面貌，但又能够在一起"和生"。这点对我们当下尤其具有启发意义，毕竟变化和发展在本质上就是流和动的，不易则无生。

就此而言，一个"可欲的未来"（desirable future）——借用政治哲学所讨论的理想的或"可欲的社会秩序"的说法——也就意味着一种有活力的未来，一种生生不息的未

1　［美］西敏司：《甜与权力：糖在近代历史上的地位》，王超、朱健刚译，商务印书馆，2010 年。

来，是生成、化生、和生的具有丰富多样性的未来。这样的未来之所以"可欲"，正在于它乃人心之所向，不仅是人之所想要，也是个人生活和社会生活得以和美健全之需要，以及一个社会和文化得以保持活力和蓬勃发展之必要。

碎片化时代与可欲的公共生活 [1]

在一个碎片化的时代如何期待一个可欲的公共生活？这个问题本身表明对这一议题尚有很多困惑。

首先就是"公"与"私"概念上的界定问题。到底我们讨论的"公"是指现代社会中与个人相对应的公共，还是传统中国"家天下"的框架下"家"（个人隐匿或从属于此）与"天下"的关联意义上的"公家"或皇家／皇权？

这两种不同的思路，其实会直接影响到我们在社会及公共问题上的设问方式和解决可能。这也就可以部分解释我们经常遭遇到的由于概念不同而带来的争论。例如，中国到底

---

1 本文原题《碎片化的时代如何期待一个可欲的公共生活？》，原载《探索与争鸣》2017 年第 6 期（列入当期"圆桌会议"栏目专题"漩涡：中国改革时代的私人信仰与公共生活"）。收入本书时略有修改。

有没有欧洲意义上的公共空间？再如，政权、政府、国家等概念之间有意无意的概念等同和混用。

虽然概念仍有待辨析，但这个问题同时表达了对我们所生活的时代的一个基本判断，即这是一个碎片化的时代；以及一个总体上的期待，即相信碎片化时代里的人仍然需要公共的生活，当然所向往的是一种"可欲"的公共生活。一个是现实性问题，另一个是可能性问题。

关于当代中国社会格局的基本判断，阎云翔的研究代表了一种思路。他在《中国社会的个体化》[1]一书中认为，过去几十年来中国总体来说走向了个体化（individualization）。他在该书中提出的"无公德个人"（uncivil individual）这一广为人知的说法，对理解当代中国社会现状具有相当强大的解释力。尽管阎云翔在该书中多次指出，中国的"个体"与欧美意义上的"个人"有着巨大的差异，但至少从理论脉络上，还是可以看出其沿用了阿伦特的政治哲学理论。尽管有评论者注意到了这种从政治变革的角度解释社会变迁的利弊，也提出了一些有力的批评，但是从现象上来说，阎云翔所揭示出的强大的国家、隐匿的社会，以及原子化的个人，大致还是能够用于描述当代中国的社会现状。

如果换一个说法的话，这无疑是一个碎片化的时代。说

1　阎云翔：《中国社会的个体化》，陆洋等译，上海译文出版社，2012年。

其碎片化，不仅仅表现在个人利益诉求上的千差万别，以及不同社会群体（包括各种基于地缘血缘、经济地位、族群分别、宗教差异形成的群体）之间的张力甚至冲突，更关键的是全社会都深刻感知到的所谓共识的缺乏。如果说中国社会二十世纪五十年代以后很长一段时间里有着意识形态意义上的共识，二十世纪八十年代以后一定程度上有着关于改革开放的共识，那么现在，大家都意识到似乎共识的基础荡然无存。因此，我们才试图以中华民族的伟大复兴或中国梦作为新的共识，这直接反映为社会主义核心价值观的第一个关键词：富强。

确实，很多人都忧心忡忡于共同价值体系的弱化甚至崩塌，也注意到整个社会在思想方式上的分野甚至站队，甚至社会的"断裂"。不过，这显然并不是中国独有的困境，而是世界共同面对的难题。格尔茨在其晚年的一篇文章中提出了美国社会面临的两个问题：没有共识，文化何存？没有民族，国家何在？亨廷顿主要用于解释世界政治文化格局的"文明冲突论"[1]，结果现在日渐演变为在欧美社会内部的冲突和裂变，他自己后期也注意到了这个问题，进一步追问"我们是谁"[2]，试图梳理出美国社会发展的一种可能性。

1　参见〔美〕塞缪尔·亨廷顿：《文明的冲突》，周琪译，新华出版社，2013年。

2　参见〔美〕塞缪尔·亨廷顿：《我们是谁？——美国国家特性面临的挑战》，程克雄译，新华出版社，2005年。

历史经验和血淋淋的教训表明，回到思想的大一统和形式上的一致显然是不可能的，但这并不意味着中国社会真的已经破碎，或不可避免的将瓦解，或者如一些危言耸听的那样"民将不民，国将不国"。

然而，要想理解和把握社会的问题，并重建一个可欲的社会，有必要先对"社会"本身有所反思。一些学者批评道，学界现在流行的关于中国社会的观察和讨论基本上是在一种欧美意义上的"国家－社会"二元认知框架中进行，这与当下的中国现实存在时空上，以及概念上的错位。因此，一些学者试图重新考察"社"与"会"的汉语词源学及文化语境，试图拿出一种"中国式的"关于社会的理解和概念。这些努力诚然都值得继续探索，但我们在这里还是首先回顾一下欧洲思想传统中的"社会"概念以及关于一个可欲社会的想象。

2017 年正好是宗教改革五百周年，不少西方学者近年来都在重新梳理这一历史事件或思想运动的缘起、过程，以及在政治、社会、文化上带来的巨大变革。例如，延续在《自我的根源》[1]、《现代社会想象》[2]中的思考，2007 年查尔斯·泰勒（Charles Taylor）出版了《世俗时代》[3]，阿拉斯代

1　［加］查尔斯·泰勒：《自我的根源：现代认同的形成》，韩震译，译林出版社，2012 年。

2　［加］查尔斯·泰勒：《现代社会想象》，林曼红译，译林出版社，2014 年。

3　［加］查尔斯·泰勒：《世俗时代》，张容南等译，上海三联书店，2016 年。

尔·麦金泰尔（Alasdair MacIntyre）和罗伯特·尼利·贝拉（Robert Neely Bellah，1927—2013）对该书给予了高度评价，认为其代表了目前关于这一议题最为全面和深刻的理解和辨析。

不少学者都注意到，在这五百年中，在我们广知的政治社会意义上的巨变发生的同时，还出现了更为深层的文化意义上的转型，尤其是对世界的理解框架发生了根本性的置换，表征之一就是，一系列我们今天所熟知的关键词逐渐取代了之前的另一套关键词。大略说来，如果说在宗教改革以前的政治生活、公共生活中，比较多强调的是恩典、顺服、仁爱的话，那么现代社会所主张的，大致与此形成对应：自由、主权、平等。这些概念，或者借用泰勒的话，这些"社会想象"（social imaginaries）成了现代社会的一种共识。即便在并不推崇西方普遍价值的语境中，我们仍然可以看到这些术语出现在社会主义核心价值观的名录中。换言之，这些概念成为现代人理解和想象生活世界和社会生活，以及生发出相应的政治社会行动的基本思考框架，很大程度上构成了思想意义上的"路径依赖"。

在此仅简略讨论影响现代人构想一个可欲的社会及公共生活的三个"制度性"问题。需要指出，这里说的"制度性"不是指某种具体的政治或组织性的制度，而更接近泰勒"社会想象"意义上的那种"制度"，是人们习焉不察，但又将其作为基本的思考和行为基础的那些东西。

第一，民族国家的制度性限制。作为一种现代世界体系，民族国家无疑是一种比较晚近的发明，它从西欧产生，迅速推广到全世界，成为现代人理解世界的一种总体性方案。例如，尽管一定程度上的领土意识在传统社会一直存在，但通常来说是相对比较模糊的，国与国之间存在相当大的中间缓冲地带，而民族国家的主权观念推动了现代国家之间日益明确的疆域概念和准确划分，其中也包括了护照作为重要的身份标识和跨国旅行要件的出现和全世界范围内的快速推行。相应地，民族国家这个制度也就要求其国民有明确的政治忠诚，尽管现在仍有少数国家承认双重国籍。更重要的是，这个忠诚是对"国家"的忠诚，国家本身具有了某种神性或超然的性质，虽然国家具体来说可能由某个人、某个群体或某个政府所代表。

第二，个体主义的理论前设。不少学者注意到，与强调唯独信心、唯独圣经、唯独恩典的宗教改革的进程能大致相应的是个体意识的日益崛起，甚至进一步演化成一种个体主义的思考模式。法国人类学家路易·杜蒙（Louis Dumont，1911—1998）则在其长期研究印度种姓制度的基础上，写作了一本讨论欧洲社会思想和社会制度的重要作品——《论个体主义：对现代意识形态的人类学观点》[1]，读来令人印象

---

1 ［法］路易·杜蒙：《论个体主义：对现代意识形态的人类学观点》，谷方译，上海人民出版社，2003年。

深刻。

事实上，如果沿用斐迪南·滕尼斯（Ferdinand Tönnies，1855—1936）在《共同体与社会》[1]中的思路，甚至在使用"社会"这个词的时候，我们就已经是一种建立在个体主义基础之上的思考。而对个人自由意志和选择的强调，自然也就催生了各种身份政治的出现和发展，包括如许烺光在其文化比较研究著作《宗族·种姓·俱乐部》[2]中讨论的一般的志愿结社，也包括安德森（Benedict Anderson，1936—2015）在《想象的共同体：民族主义的起源与散布》[3]所讨论的民族主义，以及各种以宗教、思想主张或主义为旗帜的或是想象的或是真实的群体的兴起。

第三，更为深刻的是唯理性主义的全面胜利。尽管自启蒙运动以来一直存在对唯理性主义的警觉和批评，并出现了一些强调感性、身体、直觉的一些思想和主张，包括过去几十年的后现代主义思潮中就有相当程度上的对唯理性主义的反思，但一个必须承认的事实是，唯理性主义在几乎所有领域都占有压倒性主导地位。而这真正构成了现代人的思考底色和基本前提，不仅表现在经济学、政治学、社会学等领域，

1　［德］斐迪南·滕尼斯：《共同体与社会：纯粹社会学的基本概念》，林荣远译，商务印书馆，1999年。

2　［美］许烺光：《宗族·种姓·俱乐部》，薛刚译，华夏出版社，1990年。

3　［美］本尼迪克特·安德森：《想象的共同体：民族主义的起源与散布》，吴叡人译，上海人民出版社，2016年。

甚至在宗教、艺术、文学等领域都可以看到理性选择理论的深度介入和强大压力。简言之，这种思考方式跨越了所有的领域，并且进入了普通人的日常生活。借用泰勒的一个说法就是，现代人只有一种匀质的普通时间（ordinary time），而完全摒弃和忽略掉了更高时间（higher time）的可能性和丰富性。

这里无意简单引入一种宗教的方案，或者某种宗教的主张。宗教内部似乎确实能在一定程度上构成一种互信，形成一些小圈子、小共同体。类似的，现代社会里也有各种小俱乐部（比如，自行车爱好者都可以组成一种小团体），甚至还会建构出某种类神圣的性质。最近坊间流行一种说法，认为长跑，特别是马拉松，成为中产阶级的新宗教，是一种修行行为、类宗教的行为。然而，宗教本身是否有可能引导现代社会建设某种可欲的公共生活？这一议题本身就是问题，因为在一些场景里，宗教非但没有消除差异，倡导和谐共处，反而成了引发问题和冲突的重要因素。比如我们看到，不同宗教之间的差别甚至暴力冲突非常显著，甚至在一些地区有愈演愈烈之势，事例不胜枚举。除了不同宗教之间，同一种宗教内部的不同宗派和传统之间也隔阂重重。以近期热播的电影《血战钢锯岭》为例，片中角色的安息日会[1]背景引发了基督徒内部的热烈讨论，甚至彼此的激烈攻击。进一步，就算在同一宗派内部，也存在着个人气质、性格、利益的巨大差别和随之而来的矛盾。

列举这些现实性问题和"制度性"限制是旨在说明，在这样一个碎片化的时代，我们甚至连什么是可欲的公共生活可能都没有真正的共识。就算有某些主张和议程，也极有可能是一种非常时代性的、片面性的、过于简单的社会改造方案。然而，总还是要谈一些可能性的，至少作为一种期待。

从某种意义上来讲，滕尼斯在《共同体与社会》中讨论的深度问题，即人的自由意志问题仍然是一个有待处理的议题。在我看来，他所试图探讨的不仅仅是"共同体""社会"这两个词的问题，或者说也不仅仅是在讨论如何理解从前现代到现代的社会变化，以及如何建构一个可欲的社会的问题。至少从篇幅上来看，这本书的绝大部分都在讨论一个神学问题，即自由意志的问题。这是一个很核心的问题，涉及如何理解人，或者经典人类学念兹在兹的"人何以为人"的问题。如果我们不在这个层面上进行更深的探索和反思，无论"共同体"一词多么好用和热门，我们都还不过是一种工

---

1 安息日会，全称为基督复临安息日会，是一个世界性的宣教教会，其特点是认定星期六是安息日，而星期天是伪安息日。十九世纪六十年代在美国兴起。——编者注

程师和技术员的思路，存在一种简单的社会改造式的武断。从根本上来说，这是一种唯理性主义的傲慢和自得。

那么，社会及人的共同体到底有无可能？首先需要再看看我们对人本身的认识。个体主义意义上的个人这个图景是一种孤零零的存在，极为容易就落入为原子化的社会现实。因此，我们需要打破这种关于人的图景和设想，而回到"社会人"的整体观。换言之，人在其本质上就是社会性的个人（intrinsically social person）。当然，更为整全的人观认为，人不仅在社会意义上是与其他人相关的（这体现在"仁"这个字所蕴含的关联中），在整体论意义上更是"天人合一"的。

进一步，如果人不仅仅是社会性的存在，还是在天、人、物、我这四个维度意义上的整体存在，那么多样、共生、共存既是一个必然，也是一种必要，当然也是一种可能。质言之，这是一种基于仁爱的秩序，而不是基于资源短缺意象里的彼此争夺、互相倾轧、人人为敌的丛林法则。这样的公共生活至少是可欲的，尽管或许是理想主义的。

在一个扁平无趣的世代（尽力）不那么无聊 [1]

　　一个世代可以扭曲晦暗，但如果还有那么几个有趣的灵魂，那就还好，就算弱如豆灯，也还是有那么一点儿亮光。

　　在我读来，"神叨"既可以被看作叨叨那些关于神灵／信仰的事情，也可以品到一丝的自嘲，嗯，"神神叨叨"。

　　这个世代，我们被告知要做正常的人，听话的人，会背诵的人，当然，最终成为一些无趣的人，正如社会学家伯格对自己的提醒，如何在自己的世代中避免成为一个 bore（无趣之人）。

　　我们被警告不要搞那些神神叨叨的事情，要学会理性

1　本文原为徐颂赞所著《神明考古学》（南京大学出版社，2021）序言。收入本书时略有修改。

的思考和精巧的计算，要在我们的生活中清除掉任何魑魅魍魉，因为那些都不过是"子不语"的怪力乱神之事，事物要有线性的因果，历史乃是逻辑的展演。

于是，原本层次丰富、色彩斑斓的宇宙被压缩成为一个平面的世界，原本充满了激情和想象的五香十色的生活被抽象为一系列的原则和公式。我们进入了一个韦伯意义上的祛魅的世界，或者托尔金（J. R. R. Tolkien，1892—1973）笔下精灵远避的中土。

回想起来，多年前最初看《指环王》和《纳尼亚》的时候，很是不能欣赏托尔金和刘易斯（C. S. Lewis，1898—1963）大量描写各种精灵和鬼怪，一直觉得这是他们作品中的败笔。后来才逐渐意识到，他们似乎可以说是在反抗这种理性化世代的单调。

世界的单调首先就是时间的单调。泰勒在《世俗世代》中用很大的篇幅描述现代时间如何从多维度的时间逐渐变成标准化和匀质化的时间。吴国盛在最近的一个访谈中也转用他人的说法，指出："时间的钟表化使得时间被独立出来成为一个纯粹的计量体系，时间开始从生活世界中剥离出来……钟表是一切机器之母，而借助钟表，现代技术得以全方位地占据着统治地位。在钟表的指挥下，现代人疲于奔命，受制于技术的律令。技术的异化通过时间的暴政表现出来。"[1]

这是我在"神叨"中看到的一种可能性：在跨域东方西方、神灵鬼怪、天堂地狱的絮絮叨叨中，恢复一种多维度的时间观，也就是恢复一个比较有趣的世界，也就是让我们恢复为一个个活生生的有趣的人。当然，或许本书作者自己没有这样的想法，且由得我聊发少年狂，借题发挥一下。

所以，得感谢颂赞，用有趣的文字讲述有趣的话题，唤醒我们被尘封的想象力和日益无趣的灵魂。在这里，你看到的那些妖魔鬼怪显得可亲可敬。而宝相庄严者却盛满了一肚子的男盗女娼、尔虞我诈、蝇营狗苟。至少也是饮食男女，如同我辈。

确实，在日益理性化和扁平无聊的世代恢复对大千世界的好奇，有趣已经成为一种难寻的品质。或许，我们都可以尝试回应伯格的那个自我期许：How not to be a bore.

1　吴国盛：《如何化解现代技术对人文的异化？》，《信睿周报》第2期（2019年6月11日）。

辑三

烟村四五家

异邦想象与美人之美 [1]

2012 年 6 月，我在川西贡嘎地区旅行和调查，之后的两个月，我在滇西藏区度过。在滇藏沿线，见到众多的游客，在大理、丽江、香格里拉这样的地方，更是游人如织，就算偏僻如德钦县茨中村这样的地方，也居然见到不少来自北京、上海、宁夏、山东、广东等地的探奇者。

在客栈小坐的时候，我总喜欢问远道而来的游人一个问题：你为什么来这里？得到的答案不外乎这么几类：或者是来看雪山、冰川、草甸、森林、湖泊这样的雪域高原自然美景；或者是期待在这个异域来寻找一种逝去的感受，或者不曾有过的经历，例如充斥在丽江酒吧里的流行广告语"艳

---

1 本文原为 2014 年 3 月在北京举行的"听道讲坛"公益性讲座文稿，感谢主办方的邀请。

遇"。越过丽江进入藏区的游人中，也不乏被藏民的生活，特别是其宗教生活深深吸引的人。对他们来说，藏区，无论是滇西还是川西，或者青海以及西藏，都是类似于"香格里拉"的一个存在，那里有与自己的生活形态迥异的人群，是一个不折不扣的想象的异邦。

进一步追问，我发现他们有着与地理大发现之后欧洲人看待美洲原住民几乎一模一样的心态，一种可以归类为进步主义（progressivism）的态度，另一种则为原始主义（primitivism）的情结。

有趣的是，这两种看似相悖的心态，可以在同一个人身上同时得到体现。比如，很多人认为，那些藏民的生活真奇怪，与"现代""文明"格格不入，太"落后"了，最令人费解的是，怎么能花费那么多的心血、时间和金钱在"宗教"这样的事情上呢？但同时，又正是这种距离感赋予了藏民及其文化以神秘性，令他们显得那么"淳朴"，那么"真实"，对"物质"方面的事项保留着那么多的轻蔑和超然。

简言之，藏民于我们而言，正是当年欧洲人看待美洲原住民的矛盾感受——"高贵的野蛮人"。他们于"物质"，于"文明"，于"现代"来说是"落后"的，是需要被"发展"和"救赎"的，我们的同情，其实是对他们的蔑视和嘲弄；但他们于"精神"，于"道德"，于"纯真"而言，又是我们所远远不及的，对"失落"的我们来说，他们具有成为某种救赎的可能性。

然而，这两种心态在本质上其实都是在进行道德上的比较（而非我们通常以为的所谓文明程度上的比较），我们所做的其实是在对他们做时间上的排序："他们是过去的我们。"

带着这种对异邦的想象，早期的人类学家投入到对美洲原住民，对远离大陆的一些太平洋岛屿上的岛民，对非洲部落居民，以及对他们而言的神秘东方如中国的研究中，其意义除了我们今天所批评的殖民意图之外，其实对欧洲人认识自己有着重要的参照意义。或者说，人类学研究"他者"的意义就在于：在理解他者的同时，完成对自己更好的认识。

就我个人来说，这些年来我一直在关注宗教，研究越久，就越发感受到宗教及信徒绝非知识精英所想象的那样"迷信"、非理性甚至反理性。相反，如果你愿意放下成见，倾听他们的声音，真正参与到他们的生活中去，你就会发现，其实他们同样在理性地思考和生活，有自己的逻辑和方式，尽管这不一定是"科学理性"。需要指出的是，人类学家在研究宗教时并不会判断其信仰本身的是非真假，例如上帝是否存在这样的问题，而是关注人们是如何在宗教中组织和构建自己的生活，并按其逻辑解释自己的生活世界，赋予其独特、真实的意义。

具体到我们在贡嘎，以及在更大范围的藏区所观察和体验到的藏民信仰生活，我越发意识到，宗教对他们来说，意义绝非仅仅是我们通常在功能层面的理解：这个信仰有助于这个，有助于那个。尽管这些外部的解释自有道理，但我更愿意采用藏民自己的理解，即宗教于他们来说是生存的全部和意义，或者说，信仰构成了他们生活的基本价值体系或"宇宙观"。

就这个意义上来说，我并不同意弗洛伊德、马克思以及涂尔干对宗教"根源"问题的理解。他们认为，必须要用其他因素来解释宗教，或是心理疾病，或是生产力与生产关系，或是"社会"。相反，我越来越倾向于认为，"宗教事实自成一类"，认同埃文斯–普理查德"将宗教当作宗教来研究"的主张。

必须承认的是，尽管确实带有欧洲中心论的色彩，但人类学早期对想象的异邦的研究对文化差异性的认识——甚至体现为几乎将文化相对论作为学科性的"信仰"——却在实际上肯定了人性的普同这一重要信念。换言之，人类学重视和高举文化的多样性，而且虽然这些年来研究地点和对象有了很大的变化，但对文化差异性的强调得到了延续。不过，强调文化的多样性，并不意味着我们认为人与人之间、群体之间没有什么共通之处，相反，正是因为存在差异，才需要寻求共识。张海洋教授在考察了人类学的百年论争后，有一个简要的总结值得转述："文化相对，伦理互通；历史特殊，人性普同。"

事实上，我们在强调差异性或文化多样性的同时，就是在落实对共同人性的确认，即我们确实极为不同，但我们同样为人。而这是个人之间，更是群体之间得以共生、共存的一个基础：彼此承认对方的存在和尊严，彼此尊重对方的方式和生活，并且试图站在对方的立场感受他的感受，体会他的体会，思考他的思考。用人类学术语来说，这就是所谓"本地人观点"。用费孝通的话来说，这就是"美人之美"。但在这句之前，费先生还提到"各美其美"，这提醒我们，其实各个民族或文化还需要具备文化的自觉性，或者说文化主体性，这在当今全球化的大格局下尤其显得重要。但就我看来，真正打动我的却是费先生后面的两句："美美与共，天下大同。"

诚哉斯言！这对今日无论是国内的民族关系，还是全球范围内冲突不断的族群关系来说，都是何其美好的一个祝愿。可惜的是，时至如今，我们在"美人之美"这一点上就还大有问题，更谈不上"天下大同"这个宏愿了，因为我们总觉得与我们不同的生活方式，或者"信仰"，就意味着是"迷信"，是"落后"，是需要被改变、被教育和被拯救的对象。

换言之，就我们对藏民（以及其他"少数"民族）的态度来说，哪一天我们学会了按照他们的所是去尊重和欣赏他们以及他们的生活方式，哪一天我们才能算是真正朝民族共生共存、和谐发展的"天下大同"多走了一步。

这个过程的完成或许并不能仅仅仰赖国家政治和政策的

完善，而更多需要每一个人在想象甚至"消费"藏民和藏文化的时候，少一些社会进化论的取向，而多一些对他们的生存方式本身的体认。

"生生之谓易"与"不同而和"的当下意义 [1]

　　首先是"生生"这个概念。这个基本概念来自《周易·系辞上》:"生生之谓易,成象之谓乾,效法之谓坤,极数知来之谓占,通变之谓事,阴阳不测之谓神。"这是文本的来源。

　　在历史上,关于"生生"的讨论蛮多的。直到现在,道家和儒家仍然还在争论,说这个概念到底是道家的还是儒家的。其实我觉得,这既不是道也不是儒,或者两家都是,具体看怎么表述了。当然,关于"生生"的结构也有争论,有

1　本文原为 2021 年 12 月 24 日在云南大学举办的"多样性的整体视域"工作坊上的发言,感谢高志英教授的邀请及其安排的工作人员根据录音所做的讲稿整理。收入本书时有删节和修订。

可能是一个名词加动词结构，也有可能是两个动词结构，按照张其成教授的解释是"生而又生"，但这个就无所谓了。

我们可以看到，"生生"这里，至少有三个可能的层次。一个是"生成"，在《周易·系辞下》中体现为"天地之大德曰生"；一个是"化生"，叫作"天地所生的自然万物不断地生成演化"；第三个，就是我想在今天主要讨论的"和生"，也就是万物各得其性，各自生长发育其"性"。

"和生"的意思就是说，万物各取其性，然后各自生长发育其性。具体来讲就是保持它本来的性质、本来的面貌，但是又能够在一起和生。这个对我们今天尤其具有意义。祁海文在《"生生之谓易"——试论〈易传〉"天人合一"论生态整体观》[1] 一文中就讨论了"生生之谓易"的天人与自然的整体观。

在人类学里，王铭铭老师曾在《联想、比较与思考——费孝通"天人合一论"与人类学"本体论转向"》[2] 一文中用过这个概念，主要讨论费先生的作品。王铭铭老师认为，中国以动为本的"生生论"传统，可为"人与自然关系的再认识"填补巨大空间，也可为自他物我融通的新人类学做出独到贡献。

1　祁海文：《"生生之谓易"——试论〈易传〉"天人合一"论生态整体观》，《中国文化研究》2005 年第 4 期。

2　王铭铭：《联想、比较与思考——费孝通"天人合一论"与人类学"本体论转向"》，《学术月刊》2019 年第 8 期。

在生物多样性方面，大家都知道一个词叫"多样共生"，这里面其实包含了两个词，一个是"多样"，一个是"共生"。关于"多样共生"，最经典的一个案例就是小丑鱼和海葵，这两个东西一定是伴生的，没有了一个就没有另外一个。

从生态学的角度，我们知道，三角洲的特点，就是其生物的多样性，在物种方面是最丰富的。我们常常说"云南是生物的王国"，这个是没有问题的。但是从一个小范围的角度来说，生物多样性最丰富的，其实永远都是三角洲地带；由于它是淡水和咸水的交汇地带，不同物种在里面就构成了各种可能性。我们还特别要强调活力，最有活力的也一定是这样的地方。

我们在日常生活中，经常会用到"水至清而无鱼"的一个说法。借用这个说法，不是认可"混水摸鱼"那个意义上不讲规则的做法，也不是简单否定试图将水"洁净"或"清澈"的努力。重点是"至清"，也就是所谓的绝对的干净、完全的一致。那结果就是什么呢？是"无鱼"，引申来讲就是失去活力，是可能性的丧失。

这或许可以对接到人类学里面的一些理论和研究，比如关于人们追求洁净的一些研究和理论。二十世纪六十年代，英国人类学家玛丽·道格拉斯指出，人们对于洁净是追求，不仅仅是一种卫生学意义上的要求，更是一种社会乃至认知上的结构。

即使在当下，我们在这方面仍然有一些努力，比如像

"净化／美化城市环境，提升城市品位"之类的标语和行动，把丰富多样的街头搞得呆板一致、面貌统一，招致了很多人批评，被网友戏称为"殡仪馆美学"，很明显，这些行动让一个城市失去某些活力；进一步来说，还导致了行为和思想上的整齐划一（当然，也许这二者是互为因果的），这个大家可以自己去思考。

我们还可以看到，追求洁净在历史上造成了更大的问题，有种族意义上的洁净，比如纳粹对犹太人实施的种族灭绝；有文化意义上的洁净；还有宗教意义上的洁净，例如猎巫。

道格拉斯在晚年，即 2002 年，对她写于二十世纪六十年代的《洁净与危险》有所反思和自我批评。在《洁净与危险》2002 年 Routledge 经典文丛版[1] 的序言中，她提到了当年的"一个重大错误"。她意识到，二十世纪六十年代时，她讨论的所谓"洁净"，其实最主要是"不洁净"，而不是"洁净"本身。她指出，不洁之物的重点不是其被上帝所憎恶，而是其生养众多，是被保护的造物。与更受启蒙思想影响的新教相比，天主教显然更能接受模糊性、多样性、复杂性和"神秘性"。

类似的，杜蒙基于印度种姓制度的研究，提出"纯"与

1　Mary Douglas, *Purity and Danger: An Analysis of Concepts of Pollution and Taboo,* Routledge Classics, London and New York: Routledge, 2002.

"不纯"在整体之间的对立（the encompassed contraries），不洁（impurity）与洁净（purity）一道构成了事物的整体。[1]

对纯粹性（purity）的追求是一个现代性的陷阱。你们会发现，整个现代进程当中，有一种很强烈的对纯粹性的追求。你们会发现，在政治的领域是如此，思想的领域是如此，文化的领域（包括宗教领域）也是如此。在宗教改革的几大支派当中，其中有一派是我们了解比较少的——重洗派。他们强调的"极端改革"，就是要回到最初。后来在现代意义上又产生了"极端主义"或者"基要主义"这些运动，其重点是绝对的洁净，或者对纯粹的追求，实际上就是对异己的铲除，对差异的不承认，对"异端"的零容忍。

历史学家也有类似的论述。比如北大的罗新老师在他《有所不为的反叛者：批判、怀疑与想象力》[2]这本书中有一句话说："我们要知道，历史越是单一、纯粹、清晰，越是危险，被隐藏、被改写、被遗忘的就越多。"整齐划一的结果就是，丧失活力，而带来的结果不仅仅是一些店招、城市美化等"洁净"问题，实际上在我看来，其后果是系统性的危机，是人类的灾难。

可能不仅仅是人类的灾难。还有"人类世"（anthro-

1　参见［法］路易·杜蒙：《阶序人：卡斯特体系及其衍生现象》，王志明译，浙江大学出版社，2017年。

2　罗新：《有所不为的反叛者：批判、怀疑与想象力》，上海三联书店，2019年。

pecene）问题，不仅会影响到我们的所有行动和思想，影响到人类本身，还会影响到我们的整个生活世界。

近二十年来，"人类世"概念非常火。二十世纪八十年代，密歇根大学的生态学家尤金·斯托莫（Eugene Stoermer，1934—2012）提出了这一概念，2000年，他和诺贝尔化学奖得主保罗·克鲁岑（Paul Crutzen，1933—2021）共同提出，使用"人类世"描述一个地球历史的新的纪元。[1]这篇文章2000年发表的时候，其实长度只有一页，其中有一句话是："从十八世纪下半叶开始，尤其以瓦特1784年发明蒸汽机为标志，人类活动逐渐成为深刻改变地球面貌的地质营力，而且这一过程不可逆。"我每次看到这里，都觉得这对我自己是一个提醒：我们现在写文章动不动就是几万字，其实多数都是废话。

还有一位人类学家布鲁诺·拉图尔在几年前做过一个公开讲座，题目叫作"Facing Gaia"，即"面对盖亚"。他基本上讨论的是在这样一个"人类世"的环境或者世代当中如何理解人与世界的关系。可以说，希腊神话里面的地球母亲盖亚，正在"报复"人类的行为。

有关人类世的论题中，一个相关话题是"在后人类（post-human）图景下"，实际上讨论的问题是一样的，就是

1　Paul Crutzen and Eugene Stoermer, "The Anthropocene," *IGBP Newsletter*, No.41(2000), p. 17.

人与非人如何共处。所以你们可以看到，很有意思，人类学最近越来越强调研究非人，就是研究动物、植物，例如年轻一代的人类学学者里面有一个研究藏獒的，非常不错，这是一个非常有前途的研究；甚至研究细菌和病毒，在当下全球疫情这个场景里面。今年年初，华东师范大学出版社推出了一本法国人类学家弗雷德里克·凯克（Frédéric Keck）的书，叫作《病毒博物馆：中国观鸟者、病毒猎人和生命边界上的健康哨兵》[1]，这本书其实就是人类学家对细菌、病毒的一个研究。

在后人类图景中，对作为问题的"后人类"还没有统一的定义，而在二十一世纪，生物技术、数字技术以及地球生态环境都在迅速变化。其实，无论是"人类世"还是"后人类图景"，重点都是跨物种的平等意识，即拒绝近代经典人观对智人特殊性或高贵性的突出，以及去二元论，即拒绝人类/动物、有机/机械、自然/人工、灵魂/身体等区分，这种区分基本上是我们过去五百年以来的一个认知的框架。我觉得最关键的回答其实就是唐纳·哈拉维（Donna Haraway）2007 年谈到的一句话："作为'一'，就是要去与'多'共处。"

关于"后人类"的讨论还有一些关键文本，出自伊哈

1 ［法］弗雷德里克·凯克：《病毒博物馆：中国观鸟者、病毒猎人和生命边界上的健康哨兵》，钱楚译，华东师范大学出版社，2021 年。

布·哈桑（Ihab Hassan, 1925—2015）[1]、哈拉维（Donna Haraway）[2]，以及 N. 凯瑟琳·海耶斯（N. Katherine Hayles）[3]等学者。其中哈拉维在 1985 年发表的赛博格宣言中指出："在二十世纪接近尾声之时，在我们这样一个神话时代，我们所有人都是杂体怪物，都是被理论化、被制造出的机器和有机体的杂交产物，简言之，我们都是赛博格。赛博格是我们的本体论，它赋予我们的政治。"

那么什么是赛博格？二十世纪六十年代，美国航空航天局（NASA）的两位科学家曼弗雷德·克莱恩斯（Manfred Clynes）和内森·克莱恩（Nathan S. Kline）提出了一种大胆的设想：通过机械、药物等技术手段对人体进行拓展，可以增强宇航员的身体性能，形成一个"自我调节的人机系统"，以适应外太空严酷的生存环境。为阐明这一观点，他们用"控制论"（cybernetics）与"有机体"（organism）两词的词首，造出"赛博格"（cyborg）一词。1985 年哈拉维的赛博格宣言引发了"赛博格"内涵的变化，从赋予宇航员在外太空以行动能力，变为人类与机器、动物之间跨"物种"的杂

1　Ihab Hassan, "Prometheus as Performer: Toward a Posthumanist Culture?" *The Georgia Review*, Vol. 31, No. 4 (1977), pp. 830−850.

2　Donna Haraway, "Manifesto for Cyborgs: Science, Technology and Socialist Feminism in the 1980s," *Socialist Review*, No. 80 (1985), pp. 65−108.

3　N.Katherine Hayles, *How We Became Posthuman: Virtual Bodies in Cybernetics, Literature, and Informatics*, Chicago & London: University of Chicago Press, 1999.

处共生。

随后又衍生发展出了"赛博朋克"（cyberpunk）这样的科幻流派或视觉美术风格，雷德利·斯科特（Ridley Scott）的电影作品《银翼杀手》和威廉·吉布森（William Ford Gibson）的小说《神经漫游者》[1]可以被看作是赛博朋克的典型例子。通常赛博朋克的背景设定是一个"低端生活（low life）与高等科技（high tech）结合"的世界，那里拥有先进科学技术，但要加上一定程度崩坏的社会结构作为对比。赛博朋克这样的反乌托邦世界，被认为是二十世纪中叶大部分人所设想的乌托邦未来的对立面。广为人知的香港九龙城寨也是许多科幻题材的文化原型，也被称为赛博朋克文化的发源地。

总而言之，这些文本其实是在讨论"后人类图景下何以为人的张力"。所有这些趋向都是在借助其他技术的力量，而使我们突破人类作为一个物种原有的生物和社会性基础；从某种意义上讲，我们可以把这种突破后的物种称为"humanity+"，就是"人性 plus（加）"。当然，有加必有减，还有一种叫"人性 minus（减）"。这个概念结合了 zoe（生命）和 bios（生活），也就是说，是作为普遍生命的特殊性表达，人只是"主体"之一，并不高于动物或者机器。这是现在全球学术界也好，业界也好，都在讨论的一个话题。

1　［美］威廉·吉布森：《神经漫游者》，Denovo 译，江苏凤凰文艺出版社，2013 年。

虽然我们可能还是要强调人和自然的和谐共处，但我觉得，首先还是要回到人与人的共处，因为在今天我们仍然还有这种问题。当今世界似乎堕入了一个日益极端化的恶性循环，一方面，我们强调单一性或者统一性，总有一些人力图推动不同层面上的"纯粹"或"洁净"的社会和思想运动；但是另外一方面，很多人简单地强调"我和你不同"，造成现代社会当中的所谓"身份政治"，而身份政治带来的结果实际是不可调和的。

就此而言，"不同而和"或许才是一个可能的方案，它既非简单化的同一，也非简单化的不同。所以我们一方面需要仍然呼吁多样性，仍然主张承认和尊重差异；另一方面，要重视和容忍差异，是"不同而和"而非"同而不和"。用英文讲，我们需要的是一种"holistic view of diversity"，也就是"整体的多样观点"。这里不是简单强调"diversity"，"多样"，而是强调"holistic view"，也就是"整体"。

回到"生生"这个概念，"生生之谓易"。阴阳之道的内在本身就要求我们承认和接纳多样性，单阴或单阳都不构成"生生"的前提和可能。而且要求世间万物必须是不同的，在这个基础上还必须是相和而成的。

"生生之谓易"不仅是上古时代的生命哲学，在当下所谓人类世以及后人类的图景下仍然具有重要意义。我们也不妨在人类学家的研究和思考中找到一些直接或间接的论述，从不同的文化研究案例中勾勒出多样而又共生的可能样态。

230

在乡村发现中国 [1]

　　无论是喜欢还是不喜欢，我们都已回不到过去。也正是因为这样，我们对"过去"总怀有一种莫名的乡愁。我们用对过去的怀念来表达对现在的不满，我们也试图去发现历史以便建构起我们现在的意义。因此，我们一直生活在一种难以厘清的关系中，我们的现在是历史中的现在，而我们的历史却又同时是我们现在所理解的历史。

　　与这种"历史的乡愁"类似，我们似乎也可以感受到一种"乡村的乡愁"，这些试图理解中国（汉人）社会或文化传统的研究者，通常居于都市，或者居于海外或异邦，但

1　本文原题《在乡村发现中国：汉人社会研究札记》，原载《中国农业大学学报》（社会科学版）2010 年第 4 期。收入本书时略作修改。

却似乎对于"乡村"倾注了更多的情感和精力。费孝通、林耀华及其之后的众多关注"乡土中国"的国内研究者，就算早期曾有过在乡村生活的经验，但主要的生活空间都是在城市，而且通常是在大都市。在海外研究者中，施坚雅（G. William Skinner，1925—2008）、杜赞奇（Prasenjit Duara）、弗里德曼（Maurice Freedman，1920—1975）等人自然不免西方人对这个东方异邦之乡村传统的想象，就算是移居海外并在西方接受学术训练的华人学者，如黄宗智、萧凤霞、阎云翔等，也自觉不自觉地将其研究和关注的重点放在乡村。

他们期待着在乡村发现中国。

"传统"与"现代"：汉人社会研究的历史叙事框架

对汉人社会这个特定研究领域来说，一般认为对华南地区的关注构成了现有文献的主体，所关注的主要议题之一是家族或宗族，切入点主要是家谱族谱和乡规民约等。当然也有对民间信仰和习俗的研究和讨论，其中值得关注的包括华琛（James L. Watson）等以南方乡村的案例着力论证的信仰或神灵标准化的问题。

在对华北地区的研究中，由于那种常见于华南的家族或宗族的缺失，多数研究似乎更为关注民间的"会"和"社"，切入点常常是庙会和民间信仰。当然也有对家族或宗族的研究，例如兰林友对满铁研究的跟踪等。

无论是关注家族或宗族，还是民间"会""社"，研究者们试图要揭示的其实都是中国（汉人）乡村社会是如何被组织起来的，又是如何实际运作的。如果说这样理解的主题词是"社会"的话，那么以"文化"为主题词的解说则可以将这些研究理解为试图揭示中国（汉人）乡村的文化结构或逻辑，而这就涉及对文化的理解，特别是所谓"文化传统"的界定。

细心的读者想必已经发现，学者们对汉人社会的研究其实主要是在乡村展开，而少见所谓的"城市汉人社会研究"。这样的选择除了基于中国社会的主体构成仍然是乡村这样一个认知之外，还有另外一个通常并没有被明确表达出来的隐含的假设：乡村还有"传统"，还没有完全被城市化或现代化（或其他任何外来因素）所吞没。换言之，我们对中国（汉人）社会的认知仍然是"乡土中国"，试图在山野间而不是在城市中，建构一个我们对"纯粹的"中国的理解。这样一种寻找"传统"的努力，一方面吻合了中国历史上"礼失求诸野"的传统方案，也能与源于西方的现代人类学对"异邦"的想象不谋而合。

然而，问题在于，"传统"到底是什么？我们讨论的"传统"是哪个历史时段意义上的"传统"？多数人想必同意"传统"有一个"创世纪"的故事，或者说有一个形成的过程，但有意思的是，多数人也似乎在无意识中接受了一个未经考证的假设：一旦这个"传统"形成，就似乎"真正传统"了，就是一个几乎结构化或固化的、不变的实体，任何外来的或新的社会文化因素都是对这个"传统"的侵蚀，甚至带有一种道德意义上的"破坏"的意味。这种传统与现代的二元叙事方式极大地影响了我们对于社会事实和文化变迁的认识，并且使得我们不断重复和强化了那种对失去的"过去"或"传统"的乡愁式怀念。这一方面表达为对"传统不再"的哀伤，另一方面则是对"现代"的爱恨交加的复杂情绪。爱之深是因为它可能会带来国家的强盛、民族的富强，恨之切则是因为它切割掉了我们那种对"传统"的依恋以及"传统"给我们带来的意义感和秩序感。

这种二元叙事方式不仅是中国学者出于自身生存处境的情感性的自发意识，也有一批研究中国近代史的西方学者的"理性"构建。从费正清（John King Fairbank，1907—1991）著名的以西方为中心的"冲击—回应"模式，到柯文（Paul A. Cohen）的"在中国发现历史"，似乎更为强调所谓的"中国中心"。然而，后者的思考逻辑其实延续的仍然是前述的那种二元叙事模式，只不过将叙事主体从西方转换到了东方。

延续与断裂：一个文化变迁的解释

指出传统与现代的二元叙事影响了我们对文化变迁的认识，却绝不是说这种叙事方式完全失效或是一种错误。事实上，它仍然是，并很可能一直会是，我们理解近代中国以及当下中国的一个重要的框架。确实，如果我们不理解或不承认过去一百五十年来笼统而言的西方文明或西方式的现代性对中国社会文化的冲击，那么显然是在漠视历史事实，不过是另一种掩耳盗铃。

我们真正不同意的是那种片面的或过于强调在中国近代社会变迁过程中的"断裂"这个方面。从 1840 年以来的中国当然发生了可以说天翻地覆的变化，如果一定要说是史无前例也似乎并无不当。然而，我们真的就已经完全改变了吗？我们的"传统"真的已经完全消失了吗？或者说，我们真的"启蒙"了吗？吴思在历史的爬梳中所提出的"潜规则"和"血酬定律"或许听起来比较灰色，但我们似乎不能说那仅仅存在于过去，事实上这些说法之所以广为人知并广被接受，就是因为我们当下仍然每日都在见证和经历。

其实已经有一些治思想史的学者们指出我们近日的诸多观念和逻辑在实质上都具有相当久远的历史或传统。这个想法一点都不新鲜，当萨林斯（Marshall Sahlins）在《甜蜜的悲哀》[1]中试图梳理西方社会科学（包括人类学）的基督教深层影响或传统时，他所做的尽管被冠之以"本土人类学"的名号，其实是一种由来已久的"思想考古"。就在其所处理

1 ［美］马歇尔·萨林斯：《甜蜜的悲哀：西方宇宙观的本土人类学探讨》，王铭铭、胡宗泽译，生活·读书·新知三联书店，2000 年。

和分析的基督教思想传统中，两千年来无时不在响起"回到起初"的呼声，特别是当对当下的不满累积到一个高点的时候，这种呼声就变成一种思潮，甚至一种社会运动。如陈佐人[1]指出的那样，宗教改革的英雄马丁·路德（Martin Luther，1483—1546）和约翰·加尔文（Jean Calvin，1509—1564）并不是要开启一种"新"的传统，而是要在旧有的传统上进行革新，而其思想资源正是《圣经》本身的文本以及初期教会的实践。[2]

回到传统，回到起初，这似乎可以被认为是一种历史性的普同人性。当老子在他那个时代感叹"大道隐，圣人出"的时候，他怀念的是之前那个大道未隐的时代。而当后人感叹"人心不古"的时候，其实也是在重复这种思路，只不过，我们理想中盼望回归的也就到老子、孔子而已。事实上，更多的时候还是回到在他们之后，经过数代传承、转化、流变之后的种种"传统"。问题正好在于，到底我们是要回到1840年之前尚未受到"西方文化""侵蚀"的那个传统，还是要回到有清一代的"实学"，或是更早的宋明理学，抑或董仲舒的那个年代？

金观涛和刘青峰在他们的中国思想史研究中不断提及

---

1 美国西雅图大学神学与宗教研究系教授，研究领域为基督教历史神学、汉语神学、改革宗神学等。——编者注

2 ［英］阿利斯特·麦格拉斯:《宗教改革运动思潮》，蔡锦图、陈佐人译，中国社会科学出版社，2009年，第5页。

一个"超稳定结构",这直接体现在他们的三本代表著作中:《兴盛与危机:论中国封建社会的超稳定结构》(1984)、《开放中的变迁:再论中国社会超稳定结构》(1993)、《中国现代思想的起源:超稳定结构与中国政治文化的演变》(2000)。在近著《观念史研究:中国现代重要政治术语的形成》(2008)中,他们延续并发展了这一概念,将其从思想史的讨论应用到更为经验性的观念史,特别是一些关键词的探讨中。

在《观念史研究》导论中,有这么一段精彩论述,值得转引:"以往,无论是用启蒙还是全盘反传统主义来谈新文化运动的性质,都指出中国文化大传统的断裂。但据我们的研究,这种定位并不那么准确。而我们提出的三阶段说正是揭示在中国现代思想形成的过程中,传统并没有断裂。当然,这并不是说观念没有更新,中国的现代观念与传统有极大差异。我们的研究是揭示中国人在特有的理性结构支配下,重构外来现代观念时注入了传统因素,使它们变成中国式的现代观念。重构说正能彰显与断裂说的差异。"[1]

换言之,他们提醒这种单方面强调传统断裂的叙事没有真正把握到历史的真实进程。不过,他们在这里似乎也不再单方面强调那种"超稳定结构"的历史持续性,而是更多

---

[1] 金观涛、刘青峰:《观念史研究:中国现代重要政治术语的形成》,香港中文大学出版社,2008年,第20页。

地承认更新和差异，并引入三阶段说来解释十九世纪中叶到二十世纪中叶的中国政治文化观念的变化，特别是对西方现代观念的拒斥、采用和改造。他们认为从洋务运动时期的选择性吸收，经过甲午战争后到新文化运动前的二十年是全面开放的学习阶段，再到新文化运动时期对所有外来观念的消化、整合和重构并将它们定型为中国当代观念。[1]这个三阶段说或许会给人以颇为类似正反合之过程的印象，但它确实不再受限于延续或是断裂这样比较简单的非此即彼的二元框架，而更多强调一种过程。

这也正是我们在这里试图要强调和说明的，即文化变迁并不是一种简单的冲击与回应关系，也不是一种侵略与抵制的权力斗争，因此也不会是一种简单的得与失、"传统"胜出或者外来文化霸占的二元图景。事实上，我们所理解的文化变迁是一个恒久不断的"过程"，是正在进行时，而不是过去时，更不是完成时。如果说之前那种单方面强调某一端的延续或断裂，都是在一种"是"（being）的意义上的认识的话，那么这里所要努力对整个过程的整合则是一种在"成为"（becoming）意义上的探索。

1　金观涛、刘青峰：《观念史研究：中国现代重要政治术语的形成》，第7页。

在乡村研究中国：一个人类学的角度

研究中国乡村社会大致有这么几种话语体系：其一是乡村研究或农村问题研究，基本上是社会发展和政治学的议题；其二是数量众多的历史研究，比较多关注历史过程和社会变迁的问题；还有一种是对海外学界来说的"中国研究"，当然这里有一个历史更为悠久的所谓"汉学研究"的问题，由于是一种区域或文化研究，所试图涵盖的是中国社会文化的方方面面。这种分类当然是武断的，不过试图帮助人类学者，特别是中国人类学者，在这片研究领域中找到自己适当的位置，从而发出自己的声音，做出合宜的贡献。

格尔茨曾说："人类学家不研究乡村（部落、集镇、邻里……），他们在乡村里作研究。"[1]或许更准确地说，这可以视为他对自己的研究，包括在印尼村庄进行的研究的一种定位。确实，对他来说，他对（印尼）乡村的研究，最终旨趣或落脚点乃是对更为普遍的人类学或文化理论的理解和突破。

从这个意义上来说，他当然研究了印尼，研究了印尼的乡村，然而他似乎更在意自己作为一个人类学家而非乡村问题专家或地区问题专家的社会科学使命。对格尔茨的个人偏

1　［美］克利福德·格尔兹：《文化的解释》，纳日碧力戈等译，上海人民出版社，1999年，第25页。

好，我们无权评说，但有意思的是，他的这句话成了众多人类学家试图区别于其他学者对乡村社会展开的研究的一个方便之辞。其逻辑甚至演变成：为什么我对乡村社会的研究不同于，或者甚至优于其他研究呢？因为我是一位人类学家，因此不是"在做乡村研究"，因此就有所不同，因此有可能就更好。这其实是一种不讲道理的循环论证。

那么，对已经蔚然大观的中国乡村社会研究，究竟人类学家或人类学能提供什么呢？或者说，作为研究者个体的他/她或作为一个学科的它能否及如何参与到这个思考队伍里呢？

或许，这需要从人类学对乡村、传统、文化变迁的认识出发展开讨论，而这还会牵涉到一个更久远的人类学"创世纪"的道德议题，即我们对他者的想象。

如果说在历史中寻找过去是一种历史的乡愁，那么在乡村寻找所谓真正的中国则是一种文化的乡愁，因为，这其实也是在假设，乡村才是过去的我们，是传统的我们，或者说真正的我们。

这是一种美好的想象。用人类学的术语来说，这是另一种"对异邦的想象"。用亚当斯的话来说，这是一种类似于"高贵的野蛮人"的原始论的想象。[1] 因为乡村在社会发展上

---

1 ［美］威廉·亚当斯：《人类学的哲学之根》，黄剑波、李文建译，广西师范大学出版社，2006 年，第 74—76 页。

是落后、不足、迟缓、"需要救赎"的，但在文化上或道德上却是"高贵""有传统"的，是"可以救赎"现代社会中已经严重堕落的我们的。

事实上，意识到我们具有这样一种道德想象，对我们展开或继续进行中国乡村社会研究，对整个学术群体来说是有积极意义的，至少它无情地揭示了我们所谓的科学研究者的超然性也不过是另一个"神话"。然而，无论是汉学研究经过了东方学视角的变焦，还是现代中国研究表现出的对我国社会正走向"崛起大国"的或喜或忧的情绪，抑或是中国城市精英在乡村治理思路下对自己的同胞显露出的或哀其不幸或怒其不争的家国情怀，都从某种程度上确证了我们试图认识自己人性上的渴求，亦即我们不但需要了解他们，还要理解他们，这样才能帮助他们，以及帮助我们自己。

我们在这里并不试图进入具体的人类学方法或理论对中国乡村社会研究的可能意义和贡献的讨论，而只是想从人类学作为文化反思，特别是作为研究者自我（文化的）反思的角度来强调这样一个人类学的进路的正当性。当然，这也就同时构成了人类学研究对整个中国乡村社会研究的可能性和意义。

简言之，"在乡村发现中国"或多或少受到了传统与现代二元叙事框架的影响，也或浓或淡地带有一些对他者、过去、传统的乡愁味道。这听起来似乎有一些质疑的意思。其实，这并不是说我们不能"在乡村研究中国"。与此相反，或许还可以超越"中国"的区域局限，在格尔茨的意义上"在乡村做研究"，所观照的当然包括中国问题，还有更普遍意义上的文化议题，特别是文化变迁问题。

换言之，我们所期盼的"在乡村研究中国"的努力既是一种乡村研究，也是一种历史研究、中国研究，更是一种文化研究。

作为人类学思想资源和研究方法的中国[1]

　　人类学与中国的关系，至少可以从两个方面来理解。一个是中国作为人类学的研究对象，另一个是中国作为人类学的思想资源。整个中国人类学史，始终表现出一个现象：中国是作为对象与他者而存在的。

　　作为一门现代社会科学，人类学的兴起主要在十九世纪中后期的西方，特别是欧洲。对当时的欧洲人来说，中国显然是一个远方的他者。在此之前，虽然存在东西方交流，但仍然是有限的。过去几十年最为强劲的"全球化"现象，其

1　本文原为 2020 年 10 月 26 日应邀为云南民族大学民族研究所进行线上讲座的讲座稿，在此感谢黄彩文教授的邀请，特别是梅汝阳根据录音整理成文。收入本书时略有修改。

实早已有之，但当下这种交流在强度上是前所未有的。在十九世纪中后期，包括大英帝国在内的欧洲都处于一个殖民背景中，从这个意义上来讲，后殖民时代对人类学本身的批判是有一定道理的。

没有中国的"中国学"

在当时的背景下，西方需要了解全世界，例如，汉学和中国研究的兴起都处于这个历史时期。

欧洲的汉学传统、美国传统的中国研究，虽然在理念和目标上有相当大的不同，但它们都属于"没有中国的'中国学'"。这意味着，中国是不在场的，只是一个研究对象，而它们的思考范式都不属于中国。即使是二十世纪三四十年代的费孝通先生、林耀华先生、许烺光先生，虽然都有一定的传统中国文史哲思想的学习，但他们所接受的训练体系，仍然是欧洲主流的结构功能主义。

除了汉学和中国研究，国学也属于"没有中国的'中国学'"。国学其实是在国家危亡、文化衰微的时候才逐渐兴起的。在民国和晚清之前，中国并不存在这样一门学问。

十九世纪末到二十世纪后半叶，人类学的中国研究也属于以上这种情况，即便中国人在研究中国问题，其问题意识却更多源于西方学界的框架和脉络。无论是用英语写作，还是中文写作的人类学家，他们的痛感和普通的中国人可能都是不一样的。就此意义来说，没有中国的"中国学"，在问题意识、研究方法上都没有真正地关怀中国社会。如果我们去回看费孝通先生晚年的一些作品，可以发现，其实他们已经在反思这些问题了。

整体来看，有三本书比较适于理解"没有中国的'中国学'"这个话题：萨义德的《东方学》[1]、柯文的《在中国发现历史》[2]、沟口雄三的《作为方法的中国》[3]。

萨义德 1978 年的《东方学》主要是想表明，西方学者对东方的看法，都是一种东方主义或东方学（orientalism）的倾向。他想说的是，西方人的研究结论都受到了自己研究视角的影响。很显然这是对后殖民时代的一种批判，他质疑了包括思想、文化和政治经济领域内的各种霸权。这本书称得上是历史上的重大进展，因为这是第一次开始集中地讨论和反思西方中心主义的问题，反思一种西方式的知识霸权。

柯文是费正清的学生，在研究中国传教士的过程中，柯文发现了一个现象，许多关于中国的材料都不是来自中国人，而是来自传教士，来自外国人的转述。他在 1984 年写

1　［美］爱德华·W. 萨义德：《东方学》，王宇根译，生活·读书·新知三联书店，2007 年。

2　［美］柯文：《在中国发现历史：中国中心观在美国的兴起》，林同奇译，社会科学文献出版社，2017 年。

3　［日］沟口雄三：《作为方法的中国》，孙军悦译，生活·读书·新知三联书店，2011 年。

的《在中国发现历史》意在表明，如果真的想要研究中国，必须要用中国的材料重新理解中国的历史。

历史学本身非常强调材料，柯文从材料本身的来源去强调中国史研究的取向，所以当时在美国的中国史研究界产生了不小的影响。

第三本书就是沟口雄三的《作为方法的中国》，他认为中国可以成为一个研究主体、研究脉络和研究视角。很多时候写一篇文章并不难，但你要意识到你的问题意识究竟从何而来。如果没有一个问题意识，一篇文章充其量只是能够填充你的简历。看一本书，最重要的是要发现这本书的问题前设，这是非常需要培养的能力。

当然，如今的许多中国学者对这个问题也做出了很多贡献，比如王铭铭老师、庄孔韶老师等。如果说，中国之前是被作为研究对象和他者的存在；那么，王铭铭老师的一本书就显得有些不同了，叫作《西方作为他者》[1]。可惜的是，这本书并没有引发很多的讨论。王铭铭老师从周王朝拜西王母的故事展开自己的论述，这一点引发了很多争议，但他确实意识到了西方中心主义视角的问题。

对西方中心主义的批判，是人类学一直以来坚持的问题意识。我们中国国内的同行，我想都会有这样一种理论和经

---

1 王铭铭：《西方作为他者：论中国"西方学"的谱系与意义》，世界图书出版公司，2007年。

验上的分离感：一方面，理论源于西方；另一方面，应该回应中国本土社会的问题。强调西方社会科学学术训练的人，会强调我们需要学科规范，相对比较排斥聚焦传统中国问题的人；而做中国问题研究的学者，就会觉得对方只会谈一些西方社会科学的概念，完全无法解释中国的现实问题。

我们需要注意到一点，即使是柯文、王铭铭老师他们注意到了回到中国问题上来，但这在某种程度上也是对西方中心主义的一种应激式回应。不以西方为中心就以中国为中心吗？这就容易陷入一种对立的视角，其实每一种视角都是有其局限性的。所以，转换视角非常重要，可以带来一种新的观感。当然，提出另一种新的视角总比单一的一种视角好。

回到中国社会不仅是人类学的问题意识，其他学科的很多学者也意识到了这一点。例如葛兆光老师的《宅兹中国》[1]、许宏的《何以中国》[2] 就是一些经典的例子。葛兆光老师近些年来的一些努力都在探寻历史中国的议题，例如他在香港出版的文集《历史中国的内与外》[3]，类似主题的书还有周宁的《世界之中国》[4]。

1　葛兆光:《宅兹中国：重建有关"中国"的历史论述》，中华书局，2011年。

2　许宏:《何以中国：公元前2000年的中原图景》，生活·读书·新知三联书店，2016年。

3　葛兆光:《历史中国的内与外：有关"中国"与"周边"概念的再澄清》，香港中文大学出版社，2018年。

4　周宁:《世界之中国：域外中国形象研究》，南京大学出版社，2007年。

当然今天中国的汉学研究或者海外中国研究，主要研究汉民族，对少数民族的关注比较少。二十世纪六十年代到八十年代的中国研究学者，因为没办法进入中国大陆，都是在香港、台湾做田野，所以主要聚焦的就是汉人社会，汉民族的家族、宗族社会。少数民族研究一直以来处于尴尬的地步，例如关于中国西南的苗族研究一直以来都得不到西方学界的认可。直到近三十年，通过一些学者的努力，这些研究才被认可是一种中国研究。

传统思想资源与当代社会科学研究

无论是汉学研究还是中国研究，都涉及一个何为"传统"的问题。今天我们理解"传统"是一种本质主义的理解，似乎是古已有之。

例如，现在很多推动"汉服运动"的人希望能够投入到传统文化的维护中去，这是值得尊重的。但当我们说汉服的时候，到底是清代的、宋代的，还是唐代的呢？其实你会发现每个时代的汉服，在形制、风格上都存在变化。对此，关于什么是更好的，什么是更正宗的，"汉服运动"当中也有很多争议。很多时候，传统变成了一个任意解说的对象，被人用来服务于自己的观点和目的。

在这方面，人类学有自己的文化观：传统存在多样性、多层次性，存在变化与流动。人类学的文化观至少可以帮助我们去理解文化本身更多的复杂性。

那么，到底在哪个意义上，中国可以成为人类学研究的方法和思想资源？我们不仅仅要回到传统中，去看《诗经》《大学》《中庸》这些儒释道的传统经典，更要去发现日常生活中那些真正深入人心的、有活力的观念和价值。所以，人类学极为强调田野工作中的问题意识。如果只是去寻找资料的话，那就只能搜集到一些家长里短和琐碎的经验碎片，没有哲学的反思。当我们在思考中国怎样可以成为一种思想资源的时候，我们就需要去梳理中国的传统和历史，对经验材料有一种内在方向的把握，要去回应一些关于中国的重要议题。

到底哪些是真正深入人心的，还值得去探讨的观念和价值呢？这里可以举几个例子。比如费孝通先生的"差序格局"，杨联陞先生的"报"等概念。这些概念，比如说报答、报复等等，都和我们的日常生活中的实践和道德体系有着非常密切的关系。

在人类学的历史当中，也有很多类似的地方性观念，例如玛纳、萨满、图腾等。这些词如今已成为教科书里的词语，而不会特别强调它产生的背景。实际上，我们还是应当注意一些本地的说法，尤其是人类学研究当中，要注意用本地人的术语或者概念来表达他们的话，不要一上来就用其他学术概念来解释它，而是要用他们自己的概念去理解他们自己。

举个例子，我指导的一位学生在做水族的家族研究。因为他自己懂水语，他就发现存在一些类型的社会组织，不能够用汉语中的家族、宗族概念来表达，那就需要用本地概念来解释问题，去更好地理解他们的日常生活。

最近几年，我和南京大学的杨德睿老师、中国社科院的陈进国老师，一起在推进关于"修"的修行人类学研究。修和修行不仅是一个宗教术语，还涉及很多其他的领域。我最近和另一位同学合作的一篇文章《"文"的意义与"化"的过程：作为一种文化实践的语言与言语》[1]就提到这一点。修不仅仅是一个宗教问题，也可以是古琴制作的问题。我们讨论的问题就是：第一，修行是有文本的；第二，修的过程也是一个化的过程。从文本到实践，然后从实践再到文本，形成了一个相互转化的过程。修不仅仅是一个宗教问题，实际上也是广泛的社会性问题、日常生活中的问题。

之所以提倡修，其实也是为了回到人本身的研究。长期以来，我们对人类的研究，或者说社会理论，越来越强调社会的结构性，例如历史结构、政治经济结构这些结构性的东西。社会的结构性当然是不可忽视的，但是这样的研究有一些先天的不足，就是看不到活生生的人。回到人，就需要看到具体的行动和实践，去看到"修"。这不是一个纯粹个体性的讨论，这一定关乎某些特定的文本，以及从这些文本衍

1　黄剑波、张真瑞：《"文"的意义与"化"的过程：作为一种文化实践的语言与言语》，《社会学评论》2020 年第 4 期。

生出来的行动。同一个文本也可能激发出不同的行动，就好像同样是听歌，现场听和听磁带是不一样的感觉。我们的工作其实有一个方法论上的自觉，希望能够从关注人的感受、实践出发。这不是说要抛弃结构性问题，而是说，不能忽视结构之外还存在的能动性。

无论是提倡将中国作为思想资源，还是关注中国人的修行，其实都是回到人类学的经典关怀。这就表现在两个问题上。第一个问题是：人是什么？第二个问题，也是哲学人类学的三大问题：你是谁，你从哪里来，你到哪里去？从哪里来、到哪里去，其实是一个历史问题，是一个文明发展史的问题。这一关怀是非常重要的，它需要了解我们的来源、发展过程，以及以后的走向，这些都是非常经典的关怀。我们的这项工作也是带有同样的理想和期待，希望把活生生的人重新带回到研究中来。

要回到活生生的人，就需要在方法论层面回应社会科学的两个倾向，个体和群体的问题。我们不是简单地处理孤立的个体，而是聚焦于凝结了时间、空间及社会/文化维度的具体的人，而不是一个抽象的人。换句话说，我们正是从具体的人，去认识抽象的人。

超越中西对立：建构"第三方"

那么在具体的研究中，中国的人类学者究竟如何摆脱中国仅仅是一个他者的境况呢？如何从我们的日常生活、我们中国的典籍去发展人类学的理论？这里其实涉及两个方面的问题。

首先是学术自觉与主体性的问题。二十世纪末，费孝通先生在北大开会时提到一个文化自觉的概念，其实也是学术主体性的回归。当时我们已经意识到，不能简单地从欧洲的理论框架出发，而是要有相当的学术自觉。但这同时也不能发展为另一种极端的局面：极端民族主义式的自我证明。在过去二十年，出现了一个非常明显的趋势：不看事实，只看立场，很多论证是为了迎合极端民族主义情绪。在这方面，梁永佳老师去年在《开放时代》发表了一篇文章：《超越社会科学的中西二分》[1]。他在文章的最后有一个劝告，"'中国式的社会理论'有可能沦为'仅适用于中国社会的理论'"。我们尽管要重视中国社会的传统，但也要注意到它的有限性。

由此涉及第二个方面的问题，即我们也需要去认识世界。中国社科院哲学所的赵汀阳老师有一本很有影响力的书，讨论中国的天下主义，也属于类似的研究。[2]尽管你可以有一些不同的意见，但通过这本书与世界对话却是很有价值

1　梁永佳：《超越社会科学的中西二分》，《开放时代》2019年第6期。

2　参见赵汀阳：《天下的当代性：世界秩序的实践与想象》，中信出版社，2015年。

的。从这个意义上来说，过去二十年来，中国人类学界的海外民族志研究对我们理解世界产生了重要的影响。对中国人来说，这些研究可以帮助我们了解到，原来世界这么大，不仅仅有中国。

在过去不到两百年的历史中，中国实际上是处于一种屈辱感之中。一方面，我们有过一个无比荣耀的历史阶段；另一方面，我们又有一个十分耻辱的近代历史。这就造成了我们的纠结，导致我们可能会盲目崇拜西方，同时又有可能存在想要超越和回归以往荣耀历史的过度骄傲的情况。我们去做海外研究，其实可以帮助我们更好地认识他者和自己，其效果类同于早期欧洲学者研究世界后对欧洲人产生的启迪和教育意义。在这个意义上，人类学对欧洲学术界的最大贡献就在于，打破了欧洲人关于西方中心主义的想象。

这里有必要强调一个"第三方"的问题。我们今天去做海外研究的时候，一方面我们有一个现代社会科学的意识，同时我们也有自己的中国问题意识。而我们对东南亚、非洲的研究，很有可能构成一个"第三方"的冲击。这既是对研究者最大的一个挑战，同时也是最大的一个祝福。

好处在于，我们的研究过程，就是对我们自己原有知识体系的一个挑战和冲击，而且这是一个合格的人类学者应该有的一种形态。虽然有时候，它的过程可能会非常痛苦。因为一个人总是不愿意改变自己的想法，因为他总觉得自己是对的，他所学习和承袭的这套传统是对的。无论你是西方社会科学体系的卫道者，还是中华传统文化的卫道者，你都会发现，一个好的人类学者，能够对这两方都有所吸收和超越，形成自己的第三方经验。

例如龚浩群老师，就是在前往泰国实际研究的过程中发现，无论是西方既有的社会科学研究，还是当代中国的传统知识，都无法理解泰国社会。她发现，只有结合两种传统，基于泰国自身的经验，才能对泰国有一个更加全面的理解。

关于这个问题，如果想要进一步了解，我有一些相关的文章可供参考，例如《人类学的中国与中国的人类学》[1]和《日常生活与人类学的中国思想资源》[2]。

1　黄剑波：《人类学的中国与中国的人类学》，《文化学刊》2013 年第 3 期。

2　黄剑波、赵亚川：《日常生活与人类学的中国思想资源》，《华东师范大学学报》（哲学社会科学版）2019 年第 3 期。

交融、过程与体验：理解特纳的三个关键词 [1]

很多时候我们会谈创新，从经验的涌现这个角度来说，永远都有新的事物，但是从理论思考、从人类的基本问题的角度来说，其实并没有太多新的东西。一些古老的智慧以及过去几十年、上百年甚至更早的文本，都可以成为我们今天重要的思考对象。

今天，我将要分享的是这些年自己对仪式研究的一些思考及反思。虽然，今天要谈的是三个关键词，但实际上我主要想讲的是"体验"，因为"交融"和"过程"相对来说讨论得已经很多了，而关于"体验"这个问题，我们以为我们

---

1 本文原载吴世旭主编《医巫闾讲座实录（第二辑）》（辽海出版社，2022）。收入本书时略作修改。

知道的很多，但实际上讨论的并不多。

我很喜欢英国人类学家特纳（Victor Turner，1920—1983）的一张照片，从中看见特纳的眼神中有一种深邃和调皮。这也是我在阅读特纳时非常直接的一个感受：一个"调皮"的人。一方面，他在认真地思考和做研究；另一方面，他有很强的叛逆心。这个叛逆不单单是社会对抗意义上的叛逆，还包括对已有知识体系的叛逆，对已有体制的叛逆，也包括对自己的叛逆。

我觉得对自己的叛逆这一点是最难的，因为与之相比，最容易的事情就是，找到一个东西就以为是一个确定性的东西，可以把它作为所有思考和行动的依规。在这个意义上，他的眼神里面透露出一种调皮，是一种对世界的调侃，也是一种对自己的调侃。但这种调侃也不是说不严肃，事实上，他有一本书的副标题就是"游戏的严肃性"[1]。

这些年我在思考和做理论性阅读的时候，非常强调不仅是要讨论理论本身，更要关注理论是怎么来的。这涉及三个层面的问题：第一个是产生理论本身的社会背景，也就是所谓的社会史层面；第二个是这个理论当时能够使用的思想资源，也就是思想史层面；第三个是我相对着力多一点的，即看一个人的理论，需要结合这个人的个人生活，也就是生活

1　Victor Turner, *From Ritual to Theatre: The Human Seriousness of Play*, New York: PAJ Publication, 1982.

史的层面。

思考理论是怎么来的，就是试图从社会史、思想史以及个人生活史这三个层面，进行立体性的反思和回顾。这个过程同时也是一个人类学家的诞生过程。

特纳的生活史

我们今天的主角是特纳。对中国的同学，特别是人类学的同学来说，特纳是一个鼎鼎大名的学者。虽然他英年早逝（1983年去世），在创造力鼎盛的时期突然就离世了，却给我们留下了好几本很有趣但没有完成的作品。

在某种意义上，这也构成我们今天研究特纳的一个困难，即如何从他没有完成的作品当中，去探究他到底想要干什么或者可能想要干什么，这给我们留下一些想象的空间。今天的人也许可以去延续他的东西，不是简单地在理论意义上延续，更多的是在特纳的探索上延续。我们可以沿着这些可能的方向去展开和探索，处理我们自己身处的这个时代和文化处境中，人们更关心或者更重要的问题。

我们谈任何一个人时，都有一些与他有关的关键人物，在这里我不可能列出所有与特纳有关的关键人物，比如他的导师马克斯·格拉克曼（Max Gluckman，1911—1975）[1]。这里我主要谈他自己的家庭。

对特纳最重要的一个人是他的妻子伊迪丝·特纳（Edith Turner，1921—2016），她于 2016 年去世，终年 95 岁。而且她在 91 岁高龄的时候，还出版了一本书，谈的正好是她和特纳一生一直合作思考的交融（communitas）问题。伊迪丝·特纳本身也是一个传奇人物，她 93 岁或 94 岁的时候还在上课，真是很了不起。

他们的三个孩子中，弗雷德里克·特纳（Frederick Turner）是一位诗人，最没有名气的可能就是人类学家罗瑞·特纳（Rory Turner），最有名的是第二个孩子罗伯特·特纳（Robert Turner）。大家如果去网上查这个人，会发现他很了不起、很厉害，今天做脑科学相关的人可能都绕不开他，他是核磁共振技术的开创者之一，甚至是这项技术大部分知识产权的拥有者。这个技术极大改变了我们过去几十年对于大脑的认知，包括人们对脑部健康和疾病的认知，当然最重要的是有关脑部疾病诊断和治疗技术。其实，特纳

---

1 对格拉克曼生平以及他之后的人类学感兴趣的读者，不妨读读这两本书：Robert J.Gordon, *The Enigma of Max Gluckman: The Ethnographic Life of a 'Luckyman' in Africa*, Lincoln & London: University of Nebraska Press, 2018; Richard Werbner, *Anthropology after Gluckman: The Manchester School, Colonial and Postcolonial Transformations*, Manchester: Manchester University Press, 2020.

本人在他晚年也关注到一点脑科学研究，但他自己也没有余力做这方面的直接研究，他后期对脑，或者说对脑神经的关注，很大程度上在他的这个孩子身上得以体现。

特纳，1920 年出生在苏格兰的格拉斯哥市，1955 年在曼彻斯特大学获得博士学位。我们关注他的生命史会发现，38 岁是他人生的一个重要转折点。可以说，他的 38 岁以前是一个阶段，38 岁以后是另外一个阶段。他在这个时间做了两件对他人生影响比较重大的事情，一个是他选择了离开政治团体（在此之前，他曾参过军，并且是一个坚定的马克思主义者），另一件是他选择皈信天主教。这里，我不做过多展开，各位有兴趣可以去看了解一下这段经历和历史。

总之，1957 年的事情是非常核心的，而很快又发生了另一件事情，就是 1958 年他女儿出生，发现有唐氏综合征，不到一年的时间女儿就夭折了。这件事情给他们的生活带来了很大的改变，他们在 1959 年用了很长的时间，一家人一起做了一次天主教的朝圣。这其实在很大程度上是为疗愈丧女之痛。

特纳 1958 年退出政治团体对整个曼彻斯特学派造成的影响是非常深刻的，关键是他不仅离开政治团体，还投身了天主教。这对曼城学派来说，特别是对格拉克曼来说，绝对是一件背叛性的事情，是一种严重的背叛：对朋友的背叛、对事业的背叛、对理想的背叛、对思想的背叛。因此他在曼彻斯特学派几乎没有立足之地了，必须要考虑离开。

接下来的几年，特纳花了蛮多时间试图去找一条出路，其中一条就是去美国。这条路并不是特别顺利，因为从英国的体系转到美国的体系不是那么容易，虽然都是讲英语。他头几年做的工作，用我们的话来说就是"短工"，得到的是短期研究员的职位。他待了两三个不同的地方，包括斯坦福大学；一直到 1963 年，康奈尔大学终于有眼光愿意聘请他；五年以后，他又到芝加哥大学，在那里待了十年；后来，他受弗吉尼亚大学的邀请，在那里一直待到 1983 年。

我们可以注意到，1958 年之后，他的写作和之前是不一样的。他的主要作品，无论是《象征之林》[1]，还是《苦难之鼓》[2]、《仪式过程》[3]，都是去美国以后完成的。

我今天主要分享的，或者说我最近主要阅读的是《体验的人类学》[4]。后面我会解释为什么用"体验"这个词。

---

1 ［英］维克多·特纳:《象征之林》，赵玉燕、欧阳敏、徐洪峰译，商务印书馆，2012 年。

2 Victor Turner, *The Drums of Affliction: A Study of Religious Processes among the Ndembu of Zambia*, Oxford: Oxford University Press, 1968.

3 ［英］维克多·特纳:《仪式过程：结构与反结构》，黄剑波、柳博赟译，中国人民大学出版社，2006 年。

4 Victor Turner and Edward M. Bruner, eds., *The Anthropology of Experience*, Urbana & Chicago: University of Illinois Press, 1986.

特纳的重要概念

1. 交融（communitas）

在谈到特纳的时候，总会有一些重要概念出现：结构与反结构、阈限与类阈限、仪式与社会戏剧、象征。今天不会多谈这些，只是会稍微提一下阈限与类阈限。后面会提到特纳的思想资源，可以看到他尽可能地去采各家之长，比如说通过范·热内普（Arnold van Gennep，1873—1957）来连接法国涂尔干的传统，在结构化理论里也明显可以看到他受马克思主义、黑格尔辩证法的影响。

我们先把今天谈的三个关键词中的前两个简单过一下。第一个词是 communitas，我想大家听得都比较多，但实际上中文还没找到特别好的词汇来表达，所以我就用"交融"这个词了。今天回过来看"交融"这个学术概念的时候，我觉得需要强调特纳的个人生活经历。这里有几点。第一，早年他有参军的经历，有在军队中和同僚战友一起的经历，无论这种经历是正面的还是负面的，都是一种交融的感受或者说生活经验。第二，在整个二十世纪五六十年代的反文化运动浪潮中，特纳试图用交融或者社会戏剧的概念去解释当时为什么会发生这些社会运动。那个时代有相当多与特纳类似的经验：对体制的反抗、对既有结构的反抗，以及试图去寻找一种"乌托邦"，这种"乌托邦"不一定是一种政治性的目的——当然有的是这种情况。

除了前面两件事外，后面两件事对特纳来说可能更为关键。第一件事是他对恩丹布人（Ndembu）的研究。早期英国的社会人类学者去非洲做研究，多数都是研究他们的社会结构。我们都知道，结构功能论就是研究一个社会的不同方面，看它如何构成社会整体。曼彻斯特学派有一些改变，他们更强调冲突。但就算是强调冲突，它也被认为是社会维系或发展的一种方式。

特纳被安排去非洲的恩丹布人当中做研究的时候，他还是处在这样的大框架里面，他的博士论文其实也是从这方面做思考。但是，后来他提到，在对恩丹布人的研究中，对他触动最大的，是他们的生活中象征无处不在，仪式无处不在，恩丹布人无时无刻不在进行象征性和仪式性的活动。这对特纳来说，冲击是最大的，因为他这一代的英国人是在新教背景中，在一个理性主义荡漾的背景中成长的，而在新教中有一种很强的反仪式的传统，他们认为仪式是一种对人的控制，本身带有对理性的压制。但在恩丹布人当中的经验，极大地冲击了特纳原有的知识体系和世界观。

第二件事就是 1958 年特纳加入天主教以后 communion 的经验。这个词是我特意没有翻译成中文的，是为了让大家看到 communion 和 communitas 具有的内在关联。communion 是天主教中的圣礼之一，就是领圣体或圣餐。这里有一个很重要的问题，在领圣餐这件事情上，可以看到饼和酒如何经过神父的祝福变成了基督的圣体，这到底是实际的改变还是只是象征性的？

在多数新教的传统中，圣餐虽然是两大圣事之一，但主要是一种纪念，是一种象征性的行动。但对天主教的传统来说，它不仅仅是象征性的，它还具有某种神秘性的相交。这种相交有两个层面。第一个层面是通过被改变的饼和酒，可以和基督的身体进行关联，也就是"吃了他的肉和血"。这听起来比较吓人，但其实是一个很神奇的表述，实际上是借着饼和酒跟基督发生关联，也就意味着和上帝发生关联。第二个层面涉及参加圣餐仪式的整个信徒群体，这个信徒群体更加广泛，不仅有当时参与领取圣体的这批人，还包括了真实的和想象的历代信徒。

我们可以看到 communion 这个词和 communitas 这个词之间的关联，甚至在特纳早年所参与的政治运动中，他们所使用的词与这些词都是共同的词根。除此之外，它们之间的关联也可以从另一个很重要的评论者马蒂厄·德弗兰（Mathieu Deflem）那里把握到。德弗兰从涂尔干社会学传统的角度对特纳做了一个批评偏多的评论。我觉得这个评论很好，可以看到不同学科背景的人对同一个研究可能有的不同的评判角度。他的评论说："作为一个虔诚的天主教徒，交融这个概念在特纳后期的研究中，已经不仅仅是一种理论，更多的是一种信仰。"[1] 显然，这里面有强烈的批判意味，但我认为他说的是有一定道理的。

交融伴随着阈限产生，和阈限一同构成一种反结构的状态。不过这种反结构状态只是暂时的，任何交融都有不可避免的最终归宿，即回到结构之中。但这种结构不一定是之前的结构。因此，特纳将社会视为一个动态的辩证过程，其中涉及高位与低位、交融与结构、同质与异质、平等与不平等的承接过程。这个过程是不断在往前推动的，换句话说，社会运行的逻辑过程就是交融和结构的此消彼长。不过有意思的是，不管是在特纳自己的作品里，还是在伊迪丝·特纳的作品里，交融这个概念都是比较模糊的，所以我们今天的研究其实是在替她去做界定。

伊迪丝·特纳在她91岁出版的书里表达了这样一个想法："试图去定义交融就好像试图去捕捉电子。"意思就是说你很难抓住它，因为"交融是一种行动，不是一个物体或一种状态，在这些'电子'难以捉摸的活动过程中去捕捉它们的唯一方法，就是在它们不可思议的力量匆匆而过时与之同行"。也就是说，你必须将自己参与性地卷入进去和它发生

---

1 Mathieu Deflem, "Ritual, Anti-Structure, and Religion: A Discussion of Victor Turner's Processual Symbolic Analysis," *Journal for the Scientific Study of Religion*, Vol. 30, No. 1 (1991), p. 19.

关联，"去亲吻那转瞬即逝的喜乐"[1]，也就是用一种亲近的方式去感知它，这种感知不仅仅是逻辑上的，实际上也是身体上的、情感上的，甚至是意志上的，就是说我决定要去和它发生这种亲密关联。这和前面谈到的恩丹布人的观念，和特纳有关 communion 的生活体验和宗教体验，实际上是非常有关的。

2. 过程

这里要谈的是仪式本身是存在于行动当中的。特纳有一个很重要的表述："不仅仅仪式是在社会过程当中发生的，而且它本身也是一个过程。"后来的很多人在做仪式研究的时候，出现了一个非常大的误解：只是把仪式当成一个静态的或者文本性的东西，把它描述出来，类似于拍照一样把它落实在一张图片上面，然后对它进行分析，忘记了特纳从一开始就强调仪式本身就是过程。

当然，越来越多的人注意到这个问题，所以开始强调不仅要在仪式当中理解仪式，也要在非仪式当中，也就是在日常生活场景中理解仪式；仪式本身是展演性的，是过程性的，是会存在偏差的。换句话说，仪式没有一个所谓的"标准文本"，但有一个大致的文本，这个文本可以改动，有一种积极性的东西在里面。

1　Edith Turner, *Communitas: The Anthropology of Collective Joy*, New York: Palgrave Macmillan, 2012, p. 220.

过程意味着什么呢？首先，意味着意义是生成性的。在特纳去世以后由爱德华·布鲁纳（Edward M. Bruner，1924—2020）实际编著完成的《体验的人类学》这本书里有一个非常有意思的说法，是对美国实用主义哲学家威廉·詹姆斯（William James，1842—1910）和约翰·杜威（John Dewey，1859—1952）的评论："这些实用主义者注重过程；他们不把传统或习俗视为给定的，而且把意义说成是生成的，而不是先在于事件。"[1]也就是说，传统或者习俗并不是一个给定的东西；意义是生成性的，是不断浮现出来的，不是先于某个事情存在的东西，而是随着事件的发生、展开和持续，得以浮现出来。这是很重要的一点。总之，对过程的强调其实就是对意义的生成性的强调。

其次，过程还意味着人的参与，这一点要着重提一下。结构与人的能动问题是包括社会学和人类学在内的整个社会科学当中长久以来存在的一个问题，特纳这一批人在做这样的一个努力，试图不用这套二元的概念，而是把它们整合起来。虽然这个想法不一定完成得了，但至少特纳意识到可能有其他方式去处理这个问题。把仪式作为一个过程来看，意义具有生成性，这意味着人的参与，人在其中的主动性是不可或缺的，行动或者展演中的人与形成或过程中的社会戏剧

1　Victor Turner and Edward M. Bruner, eds., *The Anthropology of Experience*, Urbana & Chicago: University of Illinois Press, 1986, p. 14.

是不可或缺的。无论是舞台上的戏剧还是社会戏剧都有剧本和实际的表演，表演本身就产生了新的意义。这是一个连续的、难以切断的过程。

或许就是在这里，特纳意识到无论是舞台戏剧、人生戏剧还是社会戏剧，都是一个整体，是人的参与。也是在这一点上，或许我们可以略微理解特纳对戏剧研究的影响。

3. 体验

终于到了我们今天重点来谈的第三个关键词。

为什么说它是重点呢？有两个理由。一是特纳过早离世，所以他对这一部分的讨论不清晰。他最后一本书《体验的人类学》，是他去世以后由爱德华·布鲁纳替他编辑完成的。虽然特纳是这本书的第一作者，但实际上整本书里只有一篇文章是他写的，当然，你可以说他这篇文章奠定了整本书或者整个研究的基本基调。这本书确实是未竟之作。1983年，他们开了一个研究讨论会，特纳就在这一年去世了。特纳后期的很多东西，虽然不能说是总结性的，但可以说是他一生的思考所推向的，至少是他累积到一定程度以后将要展开的新思考。

也是在这个时期，他开始关心一些脑科学和神经系统的问题：首先，体验是如何形成的；其次，如何可能观察、记录甚至分析这些体验。这些问题不是个体心理学层面的，而是涉及人类历史的完整性。这就是特纳后期想要做但没做成的事，也是给我们留下的一个难题。

第二个理由在于"experience"这个词有很多指向，具有某种含糊性，但也正是由于它的含糊性才可能有探讨或者说琢磨的空间。我们说人类学的研究都是经验研究，但实际上这个"经验"是指的 empirical，而不是特纳所说的 experience。其实 experience 也没有很好地表达出来他的意思，特纳主要借用的是一个来自德语的概念，也就是 Erlebnis。只有德国的传统当中才有一个更加明晰的关于内在体验和外在经验的区分，也就是 Erlebnis 和 Erfahrung。

这两个词对我们理解特纳晚期的研究是十分关键的。在展开他这篇文章的时候，特纳一开始所引用的就是威廉·狄尔泰（Wilhelm Dilthey，1833—1911）。狄尔泰有一本《精神科学引论》[1]，里面有一个关键概念就是 Erlebnis，如果要用英文来表达的话就是 lived through。Through 的意思就是其中有人的参与，并且具有一种过程性，要通过某种东西或者进入某种东西，这个东西可以是自然环境，也可以是人文社会环境。对狄尔泰来说，只有内在经验的事实才能算是实在。也就是说，只有通过内在经验所获得的对环境的理解才是有意义的。换句话说，实在"为我存在着"，是一种"为我之物"，而非"自在之物"。这一点非常关键。在理性主义传统当中，实存问题或者说有关 reality 的问题在很大程度上

1　[德]威廉·狄尔泰：《精神科学引论》，艾彦译，译林出版社，2012年。

是一种自在之物，甚至在中文里的表达就叫"自然"，也就是说它自己就在那了，而很多时候我们使用这个词时就带有这种想象。

简言之，Erlebnis 和 Erfahrung 这两个词在很多层面和中文里的经验与体验一样，两个词之间有重叠、有相关的地方，但是又确实存在一定的差别：Erlebnis 是偏重于主观内在的感受，尤其是被动性地被外部某事物所触动，Erfahrung 是偏重于获得知识层面的认知。英文里好像很难有这样的差别，法语也和英语差不多。很显然，我们今天的知识体系和学科训练基本上是在 Erfahrung 这个层面上。

这里我们可以看到，特纳采用了或者说试图去寻找一种狄尔泰意义上的人文科学，他希望寻找的不仅仅是知识层面上的认知，还是一种整体性的认知。我们今天在这里讲主观内在的感受是为了要分辨这两个术语。实际上，如果仔细研究特纳和狄尔泰的东西，会发现他们其实不能被简单理解或者标签为主观主义的和唯心论的，不单单是讲主观和内在。特纳实际上是希望透过身体来关联。如果我们一定要说内在、外在的话，内和外都是在身体当中可以调解和呈现的。

另外需要提到的一点就是，这实际上是代表两种哲学传统，一个是唯实论，一个是唯名论。对我们要讨论的这个话题来说，唯名论其实就是我们现在相对比较熟悉的强调外部的自然科学式的经验。唯实论更强调内心的、感受性的、"神秘主义的"方面，当中包含了不能被我们所说的理性知识所完全含括的东西，但这不意味着它是迷信的、不讲道理的，是唯心主义的，或者其他我们话语体系当中不太好的那些词。在今天的学术训练当中，我们对唯实论和唯名论这两个传统的理解通常不是太清晰，如果有同学对这个问题感兴趣的话，可以去看清华大学科学史系张卜天老师翻译的一本非常精彩的书，叫作《现代性的神学起源》[1]，里面对这个问题有非常好的梳理。这本书谈到现代性以及科学主义的想法在很大程度上都是与唯名论的兴起有关，书里甚至把它称为文明的革命。

体验有三个层面的意思。第一个层面是说，体验是生命的基本单位，是"活生生的溪流"，因此它不是静态的。这一点非常重要，它是"活生生的"、是流动的，这和我们前面所说的"过程"是涌现式的一样，因为溪流一定是不断滚动的，是涌现式的。我们熟悉的那个古典唯物主义最经典的说法是，一个人不能两次踏入同一条河，因为这条河具有流动性，所以不可能回到同一个点。

第二个层面是说，体验是流动的结构关联体。这就是说，体验作为"活生生的溪流"，是动态连续的过程，是立足当下并连接过去和将来的。换句话说，虽然体验一定是具体的、当下的，但它连接着过去和将来。比如说春节的时

---

1 ［美］迈克尔·艾伦·吉莱斯皮：《现代性的神学起源》，张卜天译，湖南科学技术出版社，2019年。

候，有的同学家里大概会做一些祭祖相关的仪式，无论是去墓地还是在家里祭供品，你在参与活动的时候是一个当下的体验，但是这个活动本身其实是连接过去的。一方面是连接祖先，更重要的是，从某种意义上讲，也是连接你自己过去的个人经验，因为你小时候也许就这么做过，今天你再做，今天的经验就和过去的经验发生了连续。而且不光是连接过去，体验还指向一种将来：现在的经验在下一年可能会发生什么改变，或者会有什么新的感受。

在第三个层面上，体验具有一种整体性，至少是试图超越主客体的，虽然一般的理解认为它可能并没有超越。它是个体内在认知、情感，与外在自然、社会环境共同构成的具有统一意义的整体。

如果用英文来表达的话，特纳所说的体验是这样的：体验是一种首要的现实实在（Lived experience is the primary reality）。这里可以做三个层面的划分。如果我们把生活作为一种实存的话，那么生活乃是被活出的生活（life as lived）。但是我们真正能够去经验的生活部分是被体验的生活（life as experienced），因为经验与实存并不是完全对等的。第三个层面则是被讲述的生活（life as told），这个层面和第二个层面的差别更大，也就是说表述（expression）和体验是差别巨大的。很多体验我们无法表述出来，至少是无法用语言表述。很多时候我们都有词穷的感觉，不知道该说什么。当然这可能与语文比较差有关系。如果是一个文学家，也许他就能讲一大堆东西出来。

不管怎么说，我们可以看到这三个层面，life as lived、life as experienced、life as told，它们之间有重叠也有距离。很大程度上讲，过去的传统人类学研究基本上都在做关于表述（expression）的观察、记录、分析和研究，但是这其实与体验（experience）的差别非常巨大，更不要说和实存（reality）的差别了。

特纳还做了另外一件事：在他分析"体验"的讨论里面，他还分辨了"体验"和"一个体验"（an experience）。他所谓的"一个体验"更加接近狄尔泰意义上的Erlebnis，是一种"主体间性的经验表达"（intersubjective articulation of experience）。你的体验需要经过反省和反思，这个反省和反思是在对过去和未来的关联中完成的，所以任何一个"故事"、任何一个体验的讲述都有一个开始（beginning）和结束（ending）。这个故事就是一个表述（expression），经验被表述出来，或者说表述其实是对经验的概述（encapsulation）。特纳在1982年的时候有这样一个说法，"表述是人类体验的概要凝结"（expressions are the crystallized secretions of once living human experience）。这里其实暗含了对"一个体验"或"一项体验"的自反性（reflectiveness）：它本身是一种反思之后的凝结表达。

回到前面所说的"体验"，再强调一下，它是不断被生产、不断往前推动的，用狄尔泰的说法就是它是一条活生生的溪流。无论是特纳还是理查德·谢克纳（Richard Schech-ner），还包括爱德华·布鲁纳，这几位都谈到了另外一个词，真实（actuality）。其实，这个词很难用对应的中文表达出来。我们很多时候把它与 reality——也就是实在、实存或者现实——混用了。但是现实和经验之间还有一个"真实"。戏剧研究家理查德·谢克纳就说："没有什么虚构，仅仅有没有实现的真实。"

前面我们提到，虽然特纳是从狄尔泰那里直接借用的这个术语，从德语传统中借用的 Erlebnis，但是在我的阅读过程中，我越来越多地发现他在 1958 年以后所处生活和学术圈子对他的影响。首先必须提到的就是克尔凯郭尔（Søren Aabye Kierkegaard，1813—1855；又译基尔克果）。特纳在芝加哥大学期间大量阅读文学和戏剧的书籍，克尔凯郭尔对特纳影响特别大。

我们都知道，克尔凯郭尔引发了后来的存在主义哲学。他的《恐惧与战栗》[1] 里面讲了《旧约圣经》的一个非常著名的故事：亚伯拉罕要把以撒献祭给上帝。这件事本身是难以理解的，因为以撒是他唯一的儿子，而且还是老年得子。可是《旧约圣经》里面描述说，亚伯拉罕听到了上帝的声音，说你要把这个孩子杀了之后献祭给我。亚伯拉罕内心毫无挣

1　［丹］基尔克果：《恐惧与战栗：静默者约翰尼斯的辩证抒情诗》，赵翔译，华夏出版社，2017 年。

扎地就去做了。最后的结果是，上帝用一只羔羊替代了以撒。这个故事后来成为一个非常重要的象征或者比喻，甚至在《新约圣经》中，耶稣也被表述为为人类献祭的羔羊。这个故事表明信仰是超越理性的，是理性无法把握的东西。

克尔凯郭尔有一个很重要的说法叫"信心的跳跃"（leap of faith）。对你无法把握的东西，你需要跳进去。跳进去就意味着你要去体验，没有体验，你不能去评判那个东西。这极大影响到后来的存在主义哲学，也影响到基督教里对经验的强调。基督教的传教故事中有一个非常重要的说法：如果你有一个苹果，你可以分析苹果是什么样子的，什么颜色，产地是哪里，什么品种，甚至连里面有多少分子、原子都可以分析，但你却没办法告诉别人苹果到底是什么味道，因为你没有尝过。要知道苹果好吃还是不好吃，是甜的还是酸的，就要有尝一口这个体验。

回到前面所说的。在狄尔泰的意义上，基于我们现在的分析性科学的思考方式，苹果是一个自在之物。在体验的层面上，你只有尝了一口之后苹果才对你有意义，你只有通过经验才能把内在和外在的东西整合成一个完整的"实在"（reality）。

其次是来自天主教思想资源的创造意义上的神秘性，意思就是说体验是超过人的认知能力的。在天主教的传统中，上帝是巨大的、超过人的理性想象的。当然，它有神秘性、目的性还有整体性。

第三是经院哲学传统中的唯实论，前面已经大概提过了。克尔凯郭尔、创造意义上的神秘性以及经院哲学传统中的唯实论，这三点对我们理解特纳非常有帮助，也是我个人接下来进一步思考想要展开的东西。

还有一个背景也是很重要的。1962 年至 1965 年这个时间，正好是特纳刚刚从共产主义转向天主教的时候。1962 年的梵蒂冈第二次大公会议实际上在 1959 年就开始筹备了，一直开了三年。这个会议在天主教历史上当算最为重要的一个会议。所谓的大公会议就是全世界天主教的主教们一起开会，回应现代性的挑战和问题，希望确定下时代的基本精神。我们熟悉的一个词语叫改革开放，其实很多文化或宗教传统都会用改革开放这个词，还有开展对话这个词。他们开展对话，对象包括新教的其他非天主教教派，以及其他的政治思想体系。

这场改革有几个方面的特性，一个是神学革新，包括教会改革。教会改革是对"教宗绝对无误论"的改革，原来讲的教宗绝对无误，不光"绝对"无误，还是"永远"无误。大公会议对此有一个非常大的修订。礼仪改革也是非常重要的。刚才提到的发圣餐、领圣体，这些工作只能用拉丁文，用别的语言好像就不够神圣。这次会议就规定说，可以用不同的语言。在天主教的传统中，对圣经的解释权是在神职人员手里的，普通信徒不被鼓励甚至被要求最好不要自己乱读，因为乱读可能会产生一些很糟糕的意见。但是这次大公会议以后，教会开始鼓励普通信徒去阅读圣经，当然就包括可以用不同的语言和文字了。

之所以提到这次会议，是因为特纳在展开他后期研究思路的时候，同样也在关注这件事情。之前我们提到，特纳从一个坚定的马克思主义者成了一个天主教徒，必须指出，他不是一个名义上的教徒，而是一个很认真的参与者。说他是个很认真的参与者，不一定意味着他完全认可梵蒂冈，至少他不是被神职人员完全控制、只有一点点自觉性的那种教徒。读特纳的时候，我发现他对天主教信仰和实践的理解实际上稍微偏离了我们所说的正统天主教，他有他自己的一些理解。但不管怎么样，他确确实实很认真地参与到天主教所有的活动中。

从三个方面来说，天主教实践的参与对特纳后来的研究和写作非常重要。一个是前面已经提到的圣餐仪式（communion），不光是和上帝的联合，也是和普世圣徒的联合。这里有一个很关键的地方，圣餐仪式暗示着物质可以被转化。在我们一般的认知里面，饼就是饼，酒就是酒。但是在圣餐仪式里，物质是可以被转化的，是可以被改变的。这对我们理解仪式和象征十分重要。

不光是物质可以被转化，事件也可以被介入，时间也可以被介入，社会生活也是可以被介入的。以时间为例，我们现在所说的时间就是现代时间，我们假设它是一致的，一个小时就是一个小时，一分钟就是一分钟，对所有人都一样，说八点上班就是八点上班。似乎无论是每一天的时间，每一年的时间，还是一辈子的时间都是一致的。但实际上，社会生活中的每一段时间都是不一样的。从个人层面来说，可能有高峰有低谷，18岁可能对你来讲很重要，但有的人可能认为25岁更重要。在人类历史当中、在社会生活里，其实也是一样。

我在这里其实想要说的是，特纳在天主教中实践参与的经历对他来说是一种经历过（lived through）的体验，对他来说这是一个实在（reality）。这个实在不一定是物质性实在（physical reality），今天有太多的研究关注物质性、自在之物或者外在之物。前面已经说过，最关键的是这件事是不是对他来说有意义。在圣餐仪式等圣事当中，神职人员的动作和实践使得仪式本身可以被介入。深入来说的话，我们不是活在一个自己的封闭空间里面。

以朝圣体验为例，连我们的身体都可以被渗透。在早期人类学里这种说法叫作交感巫术或者接触巫术，这是一种不太好的处理方式。但是在特纳这里，他把这种经验理解成身体的可渗透性。身体的可渗透性意味着，人不再作为一个自足的主体，而是一具与周围的环境，与周边的人，与周边的社会生活，甚至与他的历史——无论这个历史是想象的历史还是真实的历史，甚至与他的将来都关联起来的身体。身体是"多孔可渗透"（porous）的，即它是有孔的，它可以被渗入，也可以流出。

这里有几点可能性。第一点，由于身体是可以被渗透的，因此它必须要和别人建立关系，所以人是处于关系当中的。第二点，身体的可渗透性意味着人不是自足的主体。今天我们强调的本体论当中有一个很重要的路径是说，我们意识到人不是完全自主的，也不是唯一的中心。人是一个重要的主体和中心，可是不是唯一的主体和中心。

身体的自主性和个体的自足性其实是非常现代的概念。关于这个问题，如果有人有兴趣，可以去看哲学家查尔斯·泰勒的那本《自我的根源：现代认同的形成》，那是一部早期的作品。晚近一点的就是他 2007 年的大部头作品《世俗时代》，2014 年的时候出了中文版。这是非常精彩的一本书。很有意思的是，查尔斯·泰勒在讨论身体的可渗透性，讨论时间可以被介入之类话题的时候，大量引用了特纳的研究，这让我读查尔斯·泰勒的时候非常惊讶，当然也很高兴，因为看到人类学研究其实可以具有哲学的高度思辨性。

对特纳的人生，特别是对天主教体验对他的研究的影响感兴趣的话，可以看一下蒂莫西·拉森（Timothy Larsen）2014 年由牛津大学出版社出版的《被杀死的上帝》[1]，里面讨论了三位人类学家：一位是普理查德，他是当时牛津大学的

1　Timothy Larsen, *The Slain God: Anthropologists and the Christian Faith*, Oxford: Oxford University Press, 2014.

人类学教父一样的人物，还有玛丽·道格拉斯，以及特纳。这本书很精彩，但是如果要说有一点不足，就是他虽然写的是三位，但绝大部分篇幅是关于道格拉斯的，其他两位谈得比较少。

回到我前面所说的，当我们试图去理解特纳的这段体验时，必须要回到特纳是一个什么样的人的问题。在我的阅读当中，我发现他有一个有趣的灵魂。他既是人类学家，又是写作之人（writer），也是演员（performer），他不光是参与戏剧表演，生活里就是一个无时无刻不在进行表演的演员。我在读他的传记以及朋友对他的回忆时，能看出他是一个表演型的人。他的重要身份是天主教徒，也是丈夫和父亲。

有本书我之前没有提到，因为作为学者我们基本上不会看这种书，会觉得它没有什么学术性。那是 1985 年他太太伊迪丝·特纳帮他编辑出版的一本书，这个时候他已经去世两年了。这本书收录的是特纳一些非学术性的短文，书的正标题是"丛林边缘"，副标题更有意思，正是"作为体验的人类学"[1]，也就是人类学本身作为一种体验。我觉得伊迪丝·特纳是真的理解她的丈夫的。在她看来，她的丈夫一生所做的人类学思考或者探索，也是他人生体验中的一种。

再说一点鸡汤的话。对特纳来说，包括人类学的那些学

1　Victor Turner, Edith L. B. Turner, ed., *On the Edge of the Bush: Anthropology as Experience*, Tucson: University of Arizona Press, 1985.

术都不过是他人生体验中的一部分而已。当然，你可以说那是关键的一部分，是重要的、不可或缺的一部分。每次有新同学来上课，我就会告诉他们我的这个不那么学术的想法：第一要认真学习，第二不要把学术太当回事，学术不是人生的全部，只是人生的一部分。

结语

从"交融"到"过程"再到"体验"，这三个关键词从时间上似乎是渐进的、发展的，最终都落实到了"体验"上。

但是它们在思考上是互相包含的。从一开始，"交融"就指出了其"体验"的基本性质，因为"交融"具有强烈的"体验性"。伊迪丝·特纳在 2012 年的作品中也提到这个问题，就是说"交融"是一种集体愉悦（collective joy），而愉悦这种东西从根本意义上来讲是体验性的，是不能分享的，因为别人无法理解你。前面所说的那个苹果的案例也是，别人说苹果好吃，你没有吃过，你就永远不能知道他说的是真的还是假的，你必须也去尝尝，才能构成你的体验和评判。

伊迪丝的这个说明我觉得也非常有想象力，给了我们很多想象的空间。因为一般讲愉悦的时候，我们谈论的是个体，讲它不可分享，可是在"交融"中是"集体愉悦"，这里讲的就不是个人性的。

前面所说的圣餐仪式也是，当中有个人性的参与和体验，但是它又试图超越个人的性质，在体验当中连接当时在场的其他人。当然，你可以说这是想象的，但是我们已经说过了，对进入圣餐仪式的人来说，关键的问题不是所谓的真实的、实际的（actual），而是对他们来讲是不是有意义（make sense）。

在我的阅读里面，我有一种很强烈的感觉，特纳似乎想去抵抗一种试图解释所有事物的系统性理论。从这个意义上来讲，他和做理论的理论家有相当大的不同，他所做的是以活生生的人和活生生的生活为核心关注的体系性的探索。他做的不是体系性的理论（systematic theory），而是系统性的探索（systemic exploration）。我们可以从这个意义上来理解他研究中的时间线，因为他的研究是系统性的（systemic）的。

最后强调的一点是，我们今天对社会人类学学科思想进行溯源的时候，基本上是说三大思想家。这种说法受英国的社会人类学影响太深了。当然这都没错，马克思、韦伯、涂尔干这三位影响深远，到现在仍然值得追随。但是我这些年越来越意识到，还有几位其实也需要纳入进来，包括常常被我们所鄙视的弗洛伊德，以及被我们当成疯子的尼采。当然，还应该强调狄尔泰。狄尔泰已经通过不同的方式进入到我们学科传统当中了，在格尔茨那里就可以看到狄尔泰的影响，现在可以看到特纳受他影响也非常大。

1975 年，"人文主义人类学学会"（Society for Humanistic Anthropology）成立。1990 年，该学会设立了"民族志写作维克多·特纳奖"（the Victor Turner Price in Ethnographic Writing）。可能很多人都没关注这个奖项，但是大家今年应该看过一本书，是罗安清的《末日松茸》[1]，这本书在 2016 年获得了维克多·特纳奖。这个学会虽然不是最顶级的学会，但还有个刊物叫作 Anthropology and Humanism，想发表英文文章的可以看一下。

我还要提到两本书，一本是英国人类学家乔伊·罗宾斯去年新出的，叫《神学与基督教生活的人类学》[2]。这本书我刚刚拿到，还没来得及读。我非常期待这本书，它是一位人类学家被邀请去剑桥大学神学院做的一系列讲座，有关如何在人类学与神学之间对话。在神学领域，最近有朋友指点我说，2013 年德国神学家贝恩德·亚诺夫斯基（Bernd Janowski）通过对《旧约圣经》诗篇的阅读，试图去重新发展出一种神学人类学。[3]

1　［美］罗安清：《末日松茸：资本主义废墟上的生活可能》，张晓佳译，华东师范大学出版社，2020 年。

2　Joel Robbins, *Theology and the Anthropology of Christian Life*, Oxford: Oxford University Press, 2020.

3　Bernd Janowski, *Arguing with God: A Theological Anthropology of the Psalms,* trans., Armin Siedlecki, Louisville: Westminster John Knox Press, 2013.

从特纳这里我得到的延伸，一个是我这些年在做的修与修行的研究，还有一个是我这两年在指导一位同学做的朝圣研究，以体验为中心的朝圣研究。进一步地说，人文主义的人类学更强调的是所谓的"整全的人"（whole person）。人类学一直在反思二元论，从医学人类学开始，到对整个现代人论的反思，但实际上这种反思很多时候还是身心合一的。在整个西方传统里面有一支更加深远的传统，它本身一直强调"整全的人"，强调人全部的感知能力。我们对世界的认识不只是头脑上的，还包含了其他感官上的，比如触觉、嗅觉等。过去我们过多强调的是视觉，在听觉方面也是在向音乐学界的人学习，学习他们如何从聆听的角度恢复人对世界和对自我认识的可能性。

这里提到神秘性和神秘主义比较多：人自身的神秘性以及宇宙世界的神秘性。人远远不是我们曾经以为的那样已经掌握了对世界、对自我的理解，事实上，我们的认识是非常有限的，我们所得出的结论只是答案的一部分。人的一个狂妄之处就在于，我们以为用一种感知能力得出的结论就是全部的事实，我们忘记了作为"整全的人"的一切感觉（all senses），而这才能让我们进一步达成对于人以及世界多一点点的了解——但不是全部的了解。

我们多少要谦虚一点，不要把自己当成古希腊时代所说的万物的尺度。当然，人可以是万物的尺度，可是有的时候我们弄得太过了，以为自己掌握了全部的真理和全部的能力。

回到特纳，他一辈子都在不断探索学习。他晚年的时候甚至试图学习大脑科学，试图用各种感觉（senses）去更好地理解这个世界。我觉得这是一种真正的科学性，这是一种真正的求知。求知不仅仅是一种对理智的求知，用狄尔泰的话来说，这个知不仅仅是理性知识之知，也包括对于世界和历史，对其他人，对自己的理解和把握。

以上的分享，大家就算没有获得一种"集体愉悦"，也希望有一点愉悦。谢谢！

附：与谈和回答

张帆（北京大学社会学系）：

这个讲座我收获非常大，因为我学人类学的时候，您翻译的那本《仪式过程》算是我的人类学启蒙书之一，至今为止翻得都快烂了。我觉得以特纳为代表的象征主义传统其实是人类学在二十世纪七八十年代一朵非常绚丽的花朵。

今天您重点讲特纳，还包括格尔茨、玛丽·道格拉斯，这一派所谓象征主义人类学的核心关注都是仪式和符号，他们的研究跟更经典或者更古典一点的人类学理论相比，能体现更丰富、更生动的生活，跟现在相对而言比较前沿的后现代理论批判相比，又平衡得很好。

黄老师的这个进入角度，我觉得非常有启发性。我之前没有想到过，其实可以从天主教信仰的维度对特纳展开讨论。我自己之前很关注特纳，也写过书评，但有关他个人生命史跟他学术史之间关系的讨论，是我比较缺乏的。您主要从他的著作里提炼了三个关键词：大家都比较熟悉的"交融"，然后是"过程"，以及您今天重点讲的"体验"。我收获很大，因为对前两者的讨论比较多，对体验的讨论很少。

但其实，除了他最后那本《体验的人类学》，我回忆，他从有关恩丹布人的文章到后来的一系列文章里，早就已经有预兆了。我印象很深刻的是，他在讨论恩丹布人社会的符号和仪式的时候提出符号和仪式的两极性，一极是指他们的认知极，另外一极就是指他们的情感极。他非常强调在仪式中所出现的符号对人的情感的唤起在仪式过程中的重要性。所以他讨论社会的分裂和整合的时候指出，经由符号和仪式本身对人情感的调动，能够让一个社会从相对而言的矛盾和冲突状态进入到一种更加整合的状态。我觉得这个其实是他从一开始就非常重视的讨论维度，但是您今天没有停留在特纳自身的讨论里，而是讨论了跟情感讨论相关的哲学传统，这点让我深受教育。

您讨论到狄尔泰关于内和外的双重体验的辨析，这个我觉得很有趣。其实我之前自己从来没有去想过 Erlebnis 和 Erfahrung 的差异，好像在德语中这两个词的日常用法很相似。但是我仔细去想了一下，我发现区别很大。比如说 Erlebnis，它的动词词根其实是 Leben，是生活，而 Erfahrung 的动词词根是 Fahrung，是前进或者开车的意思，这个差异就很明显。Erlebnis 可能更多的是跟一种生活的全面体验有关，而 Erfahrung 实际上是指一种跟历史相关的、时间向前延展的那种相对而言客观性的经验。这个倒是我自己从来没有想过的。

您也提到我们这几年以来，人类学在讨论所谓的本体论转向，大致是好像要回到您所说的全面的人的讨论。其实本体论就是回到一种更加本体意义上的"什么是人"的角度，那这个所谓的"一切感觉"就是中间很重要的一个面向，包括马丁·霍布拉德（Martin Holbraad）写的《本体论转向》[1]，他在开篇就提到了"啊哈时刻"（aha moment）。不知道有没有同学读过，读过的一定会对这个印象很深。

这个"啊哈时刻"是他认为的人类学魅力之一，就是说，当你进入到田野，面对全新的田野经验时，忽然就有了启蒙一般的体验：啊哈，原来生活还可以是这样，人还可以

1　Martin Holbraad, Morten Axel Pedersen, *The Ontological Turn: An Anthropological Exposition*, Cambridge: Cambridge University Press, 2017.

这样存在。这个"啊哈时刻"应该是从德语来的,这跟您之前的讨论又连起来了。"啊哈"类似一种内在的启蒙式的经历,我觉得这个和后来特纳认为人类学作为一种经验本身是相关的,就是我们始终是通过在远方、在近处,或者是在外的、在内的各种经验,寻找某一些新的启示或者启蒙。这是一个我自己觉得受益很大的地方。

另外一个我觉得特别受益的地方是,您从天主教自身的思想传统,包括行为实践的角度出发,重新回望人类学的仪式研究。我觉得这点特别重要,因为其实大家都有这种感觉,就是我们是致力于研究小传统、民间宗教、巫术的人,对这种大传统,比如说天主教、基督教、儒教等等,都有点保持距离,甚至是带着批判性的眼光。但是您一下进入到一种非常主流的大传统,从它的思想资源出发来看是不是人类学可以跟更大的传统对话。我觉得这一点很重要,因为我自己研究西藏,绕不开藏传佛教这个大传统。

在整个藏学人类学的研究里面有一本很重要的书,是李安宅那本对拉卜楞寺的研究。[1]他是人类学家中很少见的从当地的大传统、从藏传佛教这个大传统出发,研究藏族社会本身的。我觉得在一定意义上,您也在提醒我,不一定非要去研究藏传佛教之外的其他因素,也可以从研究对象更大的哲

---

1 李安宅:《藏族宗教史之实地研究》,上海人民出版社,2005 年。

学传统本身来重新展现一个更完整的世界观，我觉得这点非常重要。

然后另外一点，您提到在天主教的宗教实践里面有很重要的几点，包括关于身体的观念和圣地的观念，我觉得这里可以去重新思考一下。在基督教内部，其实也有不同的分支，比如说我们比较熟悉的以韦伯为代表的讨论最多的新教传统，它其实比较摒弃仪式、偶像、象征符号等。我们所感兴趣的象征人类学所研究的领域其实并不多去讨论新教，因为新教讨论的可能是个体很抽象的体验。

但是您回到了天主教传统，我觉得多多少少好像跟民间宗教或者道教传统有点像，它比较多的是凭借更加中介性的存在，比如说圣像、符号，包括圣地这样的东西，把人和另外一个超越性的存在做连接。我觉得这是一个非常重要的基督教内部的小传统。

这里其实涉及另外一个哲学的讨论，就是关于超越性和内在性的二分或者二元的讨论。我们比较熟悉的新教传统，更多是对一种超越性体验或者超越性存在的讨论。而在基督教的传统里面，可能多多少少有一些更加面向内在的，跟生活同在的，内在于身体的或者是内在于这个物质世界本身的行为实践的讨论。这一点可以开启我们思考的一个方向。

还有就是您提到的一个细部，关于 reality 和 actuality 之间的关系。我看到人类学最近这些年的一个传统是逐渐开始从讨论 reality，然后到 actuality 或者 actualize，再到最近的

enactment，也就是去 enact，让它动起来，它才变成一个活生生的世界。我觉得这是一个一脉相传的讨论，非常有趣，也使我们对人或者对社会本身的关注拓展到了更大的方面，能更大程度体现人本身的所谓整体性和关系性。

但与此同时，您今天的这个讨论角度也没有使我们过于强调人本身的能动性，从而进入到把人过度放大的讨论里去。我觉得特别有收获。谢谢！

毛伟（沈阳师范大学社会学院）：

经验在人类学的研究里面是很有意思的一个话题。我们去做调查，对我们本身来说就是一个朝圣的过程，在这个朝圣的过程当中，我们会用关于自己生活的一些思考或者是概念去体验另外一种生活，希望与经验的对象达到交融的那种状态。但返回到我们自己的生活当中来，我们又会用各种各样的文学手段乃至于政治学的东西去描述这段经历。

所以在民族志的创作过程当中，对"经验"这个词，我们应该也有两方面的描述。一方面，我们有自己的生活经验，以及我们对他者经验的理解。另外一方面是，对我们的调查对象或者客体而言，他们对他们自身有他们的经验，他们对我们的生活也有他们的经验。所以后来格尔茨那句"解释解释的解释"就能很好地描述这种存在两种不同经验的经验。而这个双重经验的东西，如果放到宗教里面来说的话，大概就是一种仪式的参与感和站在仪式之外来看的没有参与感。

所以我在想这个经验，到底是我们个体去体验文化的东西，还是说，我们从一个我们自身的观念出发，去接受一种外来的信息或者事件，包括数据，包括各种各样的模块文化在内。另一方面，我们在描述他者文化的多样性的时候，应该如何反思我们自身文化反身性的那个单一性的东西？这种描述的经验是虚拟的、阈限的、反射的，还是有其他各种各样的状况存在？

我看黄老师最近研究修行的东西，我在想那是我们去体验主体所能看到的那个世界，我们想和对方进入到 communitas 的那种状态。我们在书写民族志或文章的时候需要向读者讲述这段 communitas 的经历，并且进入到"内"的视角和"外"的视角。但如何在这两种不同的视角里找到一种共通性？这大概是我今天学习的心得。

至于说思想、欲望或是其他想要表达的东西，"体验"这个词可能更多还是要回到个人的情感当中，或者是回到个人的经验当中去描述。

黄剑波：

毛老师很谦虚，您谈的都是很关键的问题。虽然可能不是直接与特纳的研究相关，但实际上涉及整个人类学的研究方法和基本方法论的问题。

您提到研究者的经验和被研究群体的生活，我想起了格尔茨有一本小书叫《论著与生活》，大概七八年前，我和方静文把它翻译出来了。我自己觉得格尔茨做了一个蛮好的讨论，刚刚毛老师所说的和格尔茨提出的问题一样：我们写作出来的东西到底是表示我们的生活还是他们的生活，还是我们共同的生活？所以书里"论著"（works）与"生活"（lives）都是加了复数的，中文翻译其实有的时候很难把原文想要表达的意思完整地表达出来。非常感谢毛老师。

张帆老师实际上讲得比我好了。就像您所说，Erlebnis和 Erfahrung，这两个词不光是词汇的问题，还是一种对理解世界或者理解生活的不同的强调。是更多地强调一种所谓的日常生活的层面，还是说强调理性对概念化的推进，强调一种知识性的品质？

另外一点，我觉得您说得非常对，无论是理解基督教、佛教还是藏传佛教，过去比较多地强调的是所谓的被隐藏在大传统底下的小传统，比如说人类学去研究藏传佛教，都会去关心什么苯教的东西，对吧？人类学研究基督教呢，通常是研究换了一个面貌，藏在基督教旗子底下的原来那些文化。基督教的内部是很丰富的。但是有的时候过于强调"小传统"，就会忘了"小传统"其实还在那个大传统里。如果不理解大传统，我们会对"小传统"有严重误解。说得更严重一点，这个正好违背了人类学研究的一个基本假定：我们要尊重研究对象自己怎么看。我们可以说是在用我们的知识权力去误解甚至是曲解他们对自己生活的感知，当然，这个批判有点重。

很多时候我们理解那些宗教，因为我们作为他者，一般来说是把它们当成一个整体存在的。就好像我跟你说存在一个完整的西方，其实根本就没有这样一个西方。反过来对欧美的学者来说，他会以为中国都是一样的，其实我们知道我们内部的差异非常巨大。中国学者去理解基督教或者研究基督教的时候确实有一个比较大的障碍，因为我们对这个宗教的传统很陌生，甚至有很多时候分不清天主教和新教的区别。今天很多时候我们批判的那种与现代性相关的基督教的形式，更多的是宗教改革以后才逐渐确立的。甚至很多时候我们发现，更糟糕的事情是什么呢？分不清楚，比如说路德宗和加尔文宗。很多人在读韦伯的《新教伦理与资本主义精神》时就分不清楚，他其实讲的是加尔文宗，他并没有完全延展开研究整个新教，只是在讲加尔文宗中的一个比较独特的东西。

在我的阅读当中，最近西方人对此也有所反省。比如说，我最近这两年在读安玛莉·摩尔（Annemarie Mol）的一些作品的时候，我就注意到，她有意在跳出过去五百年的传统。她的书马上会有简体中文版，繁体中文版已经有了，叫《照护的逻辑》[1]。这本书就是专门针对现在的这种"选择的逻辑"（logic of choice），而"选择的逻辑"体现的就是很

1　［荷］安玛莉·摩尔：《照护的逻辑：比赋予病患选择更重要的事》，吴嘉苓等译，新北：左岸文化，2018 年。

典型的现代性的自主的个体，不仅自主，而且自足，他能够不受限制，或者说是先在的。这是我们现在常常批判的个体主义的一个基本逻辑。有意思的是，玛丽·道格拉斯在二十世纪八十年代就已经在写这个问题了。她也是有天主教背景的。她说你以为你是自主的，你以为你是自由的，其实不是。她那本《制度如何思考》就是讲这个。

谢谢两位的回应和指点，就像两位所提到的，这些阅读或者个人的研究很多时候也可以回应整个学科的困境，包括方法论上的困境。这本身就是一个不断往前推进的过程。

尹韬（哈尔滨工程大学人文社会科学学院）：

很享受黄老师的讲座！从中可以看到中国人类学家今天掌握西方人类学史所抵达的深度。以前咱们对西方人类学史的研究多是教材化的，谈论从 A 理论到 B 理论再到 C 理论的演变，但缺乏对具体人类学家的深入研究。这里不一样，黄老师不但全面介绍了一位重要人类学家的理论观点，而且涉及这些理论生成背后，如作者的家庭背景、学术交往、宗教信仰和社会背景等信息，非常深入。

特纳与人类学的过程研究关系紧密。人类学的过程研究兴起于二十世纪五六十年代，主要有两个脉络，一脉是以格拉克曼和特纳师徒为代表的曼城学派，另外一脉是从埃德蒙·利奇（Edmund Leach，1910—1989）到罗兰·巴特（Roland Barthes，1915—1980）的过程研究。过程研究是对静态的功能主义研究框架的反思，不同于同时期的结构主义和稍晚的政治经济学等理论，其根本特点是注重人物的行动和体验，以及由此带来的权力、文化和社会的变化。

实证主义研究方法长期占据西方社会科学的主导地位。它以自然科学为模板，将人类社会作为自然物质来进行研究。孔德到涂尔干到拉德克里夫·布朗（Alfred Radcliffe-Brown，1881—1955）走的是这条路子，布朗的中国讲学又影响到"燕京学派"。由于有这个渊源，今天中国的一些高校也在相当程度上延续了这种研究路径。自二十世纪五六十年代开始，西方社会科学发生了变化，一些学者受到黄老师提到的狄尔泰等现象学家的影响，开始注重研究方法中体验和解释的维度，极大地挑战了占据主导的实证主义研究进路，从根本上改变了社会科学的面貌。特纳的研究属于这个反思性社会科学潮流中的一部分。

这里所讲的问题跟中国的人文社会科学又有什么关系呢？最近我也有一些不成熟的思考，说大一点是中国社会科学的人文性，说小一点是中国人类学的人文性。我想到中国社会科学的两位宗师林耀华和费孝通的相关论述。

早在学术的起始阶段，受到美国社会学家查尔斯·霍顿·库利（Charles Horton Cooley，1864—1929）的影响，林耀华就在《社会研究方法上的形相主义与体验主义》

（1934）[1] 一文中讨论了以自然科学为模板进行社会科学研究的局限性，倡导"同情的""内省的"和"体验的"研究方法。后来他将这方面的长期思考心得，以小说体民族志《金翼》完整呈现了出来。

相对而言，费孝通的实证主义倾向更加明显。从方法论来说，他虽然是马林诺夫斯基的学生，却受到布朗比较社会学的影响更大。二十世纪九十年代末，费孝通将自己一生的研究方法概括为"从实求知"。不过，在新世纪初生命接近尾声的时候，他开始反思"从实求知"的局限性。

他在这方面的总结性思考是《试谈扩展社会学的传统界限》[2] 一文。在这篇文章里，费孝通旁征博引，从欧洲社会科学的解释学和现象学谈到中国的宋明理学，以反思欧洲社会科学主导的，也是他一度服膺的实证主义研究。怎么研究"体验"这种人们说不清楚、道不明白的现象呢？按照他的说法就是要留心"言外之意"，懂得"只能意会"和"将心比心"。可以看到，费孝通的这些思考和林耀华的早期观点逐渐接近。

费孝通的老师潘光旦就曾经批评费的著作有"见社会不见人"的局限性。的确，他的学术著作如《江村经济》和

1　林耀华：《社会研究方法上的形相主义与体验主义》，载《从书斋到田野：林耀华先生早期学术作品精选》，中央民族大学出版社，2000 年。

2　费孝通：《试谈扩展社会学的传统界限》，《北京大学学报》（哲学社会科学版）2003 年第 3 期。

《云南三村》呈现的多是实证研究的风格，强调整体的社会结构，忽视个人情感和体验。

不过，费孝通的其他文章呈现的面貌却并非如此。我想到两篇随笔，一篇是他抗日战争时期写的《鸡足朝山记》。写这篇文章的1943年，不管是国家的形势还是作者个人的处境，都不乐观。从国家的层面，全面抗日战争处于战略相持阶段。从个人的层面，费孝通工资收入有限，养家糊口不易。在云南大理的鸡足山这座西南的佛教名山上，他在一刹那忘记了俗世的烦恼，进入"主客交融""物我两忘"的状态。在费孝通的文字里面，这种超越理性的场景并不多见。

他晚年有一次在丽江观看东巴祭司的表演，觉得这些宗教仪式令他想起了"天人合一"宇宙观的美好，却认为里面有迷信的成分，和现代化建设可能有所冲突。另外一篇随笔是他纪念前妻王同惠的《青春作伴好还乡》，写于1997年。这篇文章讲道，当年他和王同惠去广西大瑶山做田野之前，一起完成了《甘肃土人的婚姻》这本书的译稿。接下来的事情众所周知，1935年，在大瑶山，王同惠遇难，费孝通受伤，这本书也因而未能出版。二十世纪七十年代末，经过多年求学和工作地点的变动，加上政治局势的动荡，费孝通以为书稿早已丢失，谁曾想它在他的中央民族学院[1]办公室的书

1　今中央民族大学。——编者注

架底部出现了。费孝通觉得没法用理性和逻辑来解释这种现象，只能认为这是冥冥之中上苍的安排。

在中国的人文科学里，余英时是反思历史学自然科学化的代表人物。受到陈寅恪和柯林伍德（Robin George Collingwood，1889—1943）的影响，他强调历史研究中解释和意会的重要性。

与我们今天讨论密切相关的是陈寅恪的方法论著述。在对冯友兰一部书稿的评语里，陈寅恪讲到历史学家需要具备"神游冥想"和"了解之同情"的本领。他的上述思考是费孝通反思实证主义社会科学的思想源流之一。

陈寅恪是历史学家，但少为人知的是，在德国留学时他读了不少人类学、民族学的著作。人类学关注的核心"民族、文化与历史的关系"也成为陈寅恪一生的研究课题。在方法论上，他可能受到狄尔泰、赫尔德（Johann Gottfried Herder，1744—1803）这些德国学者关于体验和解释方面研究的启发。他的研究方法，与当时"有一分材料说一分话"的兰克（Leopold von Ranke，1795—1886）史学和寻求人类社会发展客观规律的马克思主义史学截然不同。

不管是人类学的林耀华和费孝通也好，还是历史学的陈寅恪和余英时也罢，这些中国人文社会科学的重要人物在反思西方实证主义社会科学方面的观点基本一致。他们应该会赞赏特纳在相同方向的研究方面所做的突出贡献。

特纳的理论与同时代另一位重要人类学家，列维-斯特劳斯的结构主义理论有相似也有不同。在研读列维-斯特劳斯的时候，我初期被他各种结构性的分析所吸引，后来逐渐认识到他对于人类命运的总体性忧思。可是，我时不时觉得这种"消解人"的研究方法跟人的具体生活离得很远。对初学者而言，这种研究路径也存在潜在的陷阱。结构主义理论本身类似一套数学算法的工程式，套用其方法来分析各种各样的材料相对容易，但是要呈现出和他类似的宏大关怀，难上加难，最后难免会变成一种拙劣的模仿。

如果我们采用特纳为代表的过程研究方法来展开研究，会是另外一番面貌。首先这类研究将会与地方人群的具体生活更加密切。另外，研究者可以用从田野中获得的心得补充和修正既有的理论，而不是事先有一套框架套用到具体材料上，从而牺牲了材料本身所蕴含的理论潜能。

以上是我一些不成熟的思考。我和黄老师私底下熟识，也听过他的讲演，但时间都非常短，了解得不彻底。今天听了将近两个小时，一点都没有感到困，而是感到非常愉悦。谢谢黄老师。

黄剑波：

谢谢尹韬！你说得比我好，所以我就不能再说了。

"西方人论":从萨林斯和罗宾斯的研究出发 [1]

人类学的三种意义

所谓西方人论,可能会被理解为一门现代社会科学意义上的学科:人类学(anthropology)。但事实上,现在所讨论的人类学,是一个相当晚近的社会科学概念。

从英国人泰勒(Edward Burnett Tylor,1832—1917)在1896年获得第一个人类学教职算起,现代人类学真正生成于十九世纪中后期。在过去的一百五十年中,人类学首先是从现代西方兴起的一门社会科学。

实际上,在它的历史传统当中有两个更悠久的人类学概

1 本文原为 2019 年 6 月 24 日在云南大学的讲座稿,感谢李伟华教授的邀请以及李睿俊根据录音整理成文。收入本书时略有修改。

念。一个是哲学的，就是康德的《实用人类学》。在晚年的这部作品中，康德想要解决"人是什么"的问题：你是谁？从哪里来？要到哪里去？可以很明显看到，康德意义上的实用人类学，和现代社会科学意义上的人类学有相当大的差异。但是以上两者仍然在很大程度上有着类似的目标，它们最根本的问题是"人何以成人"的问题。另一个是神学的。欧洲传统中除了康德的哲学传统，还有一个神学传统，康德自己也深受神学传统的影响。康德哲学，是启蒙之后试图抛弃上帝概念的神学讨论。

也就是说，除了现代西方社会科学意义上的人类学和康德哲学脉络上的人类学，可以看到第三种人类学，即神学意义上的人类学。基督教人类学被翻译成中文时，一般被译成"人论"。因此，所谓"西方人论"，是指人类学背后更长久的哲学和神学传统。

人类学和基督教／神学的三种关系

从萨林斯和罗宾斯的研究出发，可以看到宗教和人类学之间错综复杂的关系。作为现代社会科学之一的人类学兴起于启蒙运动之后，而启蒙运动的攻击目标，就是基督教传统或者说神学传统。在这个背景中，宗教和人类学是存在矛盾的。历史上很多人类学作品都会提到传教士对地方文化的破坏。人类学乃至整个现代社会科学，都试图解构神圣的维度，有着强烈的自然科学冲动。

早期的人类学家马林诺夫斯基，他的原专业就是物理学和数学。又如美国的博厄斯，他早年的学科是海洋生物学。很多德国传统的人类学者也专长于地理学。甚至影响整个人文社会科学界的列维–斯特劳斯也说自己有三大情人。第一个情人就是地质学。他在谈论人类心智结构的时候，大量的隐喻来自地质学的地层结构。

早期社会科学与启蒙运动的发展都与科学密切相关。因此它们与当时欧洲的基督教传统、神学传统有着天然的敌对关系。但却存在另一个矛盾的现象，例如 anthropology for Christianity。西方很多神学院都试图整合人类学和基督教，即把人类学理解为基本方法，从而实现宣教的目的。从学科意义上讲，它就是一门"关于基督教的人类学"（anthropology of Christianity）。

宗教与人类学之间的种种张力昭示着两者之间的三种关系模式：anthropology against Christianity；anthropology for Christianity；anthropology of Christianity。

人类学内部的反宗教传统与宗教影响

亨瑞卡·库克利克（Henrika Kuklick，1942—2013）在评论维多利亚时代（1837—1901）时指出，当时的欧洲人对基督教怀有强烈的敌意。埃德蒙·利奇更明确指出，那个时代人类学家都持不可知论和理性主义立场。

1947年普理查德在举行一个面对天主教徒的讲座时提出，人类学一直都有一根深蒂固的自由思想（free-thought）和反宗教态度（anti-religious in tone）。他在1959年的另一个讲座中又提到，对人类学家来说，宗教基本上等同于迷信，人类学家自己是不相信宗教的。二十世纪六十年代，特纳在写作《仪式过程》一书时宣布退出共产党加入天主教，引发了很大的震动。因为当时曼城学派在格拉克曼的带领下，是英国社会人类学最接近共产主义的一个阵地，所以特纳的退党有些背叛的意味。1972年，伦敦政治经济学院的一位老教授曾严厉地批评玛丽·道格拉斯，"基督徒是无法与人类学家的身份共存的"。让·西比尔·拉芳婷（Jean Sybil La Fontaine）在1977年的一篇文章中提到，只有当你停止用一种宗教性的思考方式时，你才可能用一种人类学的方式来思考。

如前所述，绝大多数人类学家对宗教都持有敌对态度，反之，基督徒对人类学家也非常反感。道格拉斯曾回忆自己在天主教修女院中的经历，修女对道格拉斯选择去牛津大学读人类学忧心忡忡，觉得这对基督徒来讲是非常危险的举动。道格拉斯认为，当时英国人类学和社会学都是反上帝、反宗教的，这是长期以来一个主流的关于基督教与人类学的看法。

在某种意义上，人类学对现代资本主义经济体系的批判，也源于更深层的西方人论思想。萨林斯在《甜蜜的悲哀》中提到，西敏司的《甜与权力》开创了关于物的政治经济学研究。在萨林斯看来，西敏司把资本主义经济当成一种文化，这对人类学来说，是一种创见。萨林斯延续了西敏司的说法，认为经济体系不只是一种文化，更是深受基督教人论影响的经济体系。为什么咖啡加糖？西敏司指出一个问题，为什么在西方经济体系里，糖的使用在十七世纪有了大量的增长。他提到，这源于下层人民对英国皇家上层礼仪的效仿，糖最早是宫廷人士才能享受的高端奢侈品。但到工业革命以后，逐渐变成普通民众也可以获得的资源。

在《从曼德维尔到马克思》[1]一书中，法国人类学家路易·杜蒙试图从思想史的源头去处理现代资本主义体系在欧洲背景中的产生过程。伯纳德·曼德威尔（Bernard Mandeville，1670—1733）认为人的欲望是一种恶，但也正是这种"恶"推动了经济的发展。这一观点在当时其实非常重要，对传统神学构成了一种挑战，后来也进一步推动了对现代资本主义经济体系的批判。

萨林斯和路易·杜蒙对现代资本主义经济体系的批评，都隐含着一种神学思想，即对西方人论的理解：人到底是一种什么样的存在。萨林斯强调人因被造而有罪。与东方宗

1　Louis Dumont, *From Mandeville to Marx: The Genesis and Triumph of Economic Ideology*, Chicago & London: The University of Chicago Press, 1977.

教中的人神合一不同，西方的人神有绝对差别。东方宗教暗示人可以通过某种修炼接近神，基督教传统则否定了人成神的可能。萨林斯认为，人因为想要成为神而成为被惩罚的罪人。人希望成为神，却永远无法实现，因此这是一个永恒的悲哀。虽然生活里人会用各种方法创造各种财富，咖啡也好，糖也好，用各种甜蜜来缓解人类的痛苦，可最终在人与神之别这一关键问题上成为永恒的悲哀。

总之，萨林斯要透过对西方资本主义经济体系深层的剖析，来回应一个神学的讨论。他认为西方人类学甚至更广泛意义上的西方现代社会科学，都有强烈而深刻的基督教人论背景。除著作《甜蜜的悲哀》外，萨林斯在1996年发表了一篇同题文章[1]，副标题叫"The Native Anthropology of Western Cosmology"，其中的一个核心观点便认为，整个西方社会科学囿于"native"的架构中，即一种"western peculiar anthropology"（西方独特的人论）。

简言之，萨林斯所观照的是欧洲基督教传统的人论，而不是现代学科意义上的人类学。言下之意，西方学者应该意识到自己那套关于文化的观点，背后有着更深刻的基督教传统，而这一思想背景很多时候并未被意识到。

---

1 Marshall Sahlins et al., "The Sadness of Sweetness: The Native Anthropology of Western Cosmology [and Comments and Reply] ," *Current Anthropology,* Vol. 37, No. 3（1996），pp. 395-428.

一系列讨论"人论"问题的相关学者及其作品

作为基督教人类学研究的代表人物,剑桥大学的乔尔·罗宾斯在整个人类学界享有盛誉。他在 2003 年写了一篇文章叫"What is a Christian?"[1]。他说,基督教作为人类学的一个正确议题,不仅仅是一种变量,还是某种其他东西的变量。他的意思是说,西方人类学者会假定自己很懂基督教,把基督教作为背景来处理。

科马洛夫夫妇俩曾写过两卷本著作《启示与革命》(*Of Revelation and Revolution*),该书将基督教放到整个南非社会发展和革命的过程中,讨论基督教对南非种族隔离过程起到的重要作用。罗宾斯说,即使是科马洛夫夫妇的这部经典作品,也仍然没有把宗教本身作为一种文化来理解。换句话说,基督教本身还不是人类学家合法的、合理的研究对象。

为提倡"Athropology of Christianity",罗宾斯在加州大学出版社主持出版了一系列图书,这些作品的共同特点是用人类学的方法研究各个地方的基督教,把基督教当成正当的对象来研究。比如科马洛夫夫妇就是把基督教当成南非革命或政治生活的一个因素。或者说把基督教当作政治社会的一种结果来研究。无论是把基督教当成因素,还是当成结果,

---

1 Joel Robbins, "What is a Christian? Notes toward an Anthropology of Christianity," *Religion*, Vol. 33, No. 3(2003), pp. 191–199.

都没有关注它自成一体、不可还原的特征。该系列丛书包括了韦伯·基恩（Webb Keane）对印度尼西亚、马修·恩戈尔克（Mathew Engelke）对非洲、大卫·斯米尔德（David Smilde）对拉丁美洲的研究。该系列丛书对全世界各地展开了不同类型的研究，有对加勒比海的研究、对斐济的研究、对危地马拉的研究、对非洲博茨瓦纳的研究、对玛雅人的研究。

除了对拉丁美洲、非洲等欧洲以外地方进行研究，他们也研究欧美自己的教会。例如斯坦福大学的坦娅·鲁尔曼（Tanya Luhrmann）教授有一本书：*When God Talks Back*[1]。她是以人类学的方法研究美国福音派基督徒的祷告生活。以往的社会科学认为宗教信徒的祷告就是一个心理安慰，就是所谓的功能。作者则试图去理解这些人如何理解他们自己的祷告生活，或祷告对这些人来说到底意味着什么？该研究其实代表了一种新的路径，即不再把宗教或者宗教信徒的生活当成一种简单的心理活动，或者功能性活动来处理，而是当成认真严肃的伦理活动。

人类学的主流刊物也经常组织相关的讨论，2014年，罗宾斯在《当代人类学》（*Current Anthropology*）组织了十多篇文章的讨论。《澳大利亚人类学杂志》（*Australian*

1　T. M. Luhrmann, *When God Talks Back: Understanding the American Evangelical Relationship with God*, New York: Alfred A. Knopf, 2012.

Journal of Anthropology）和《人类学神学》（*Anthropological Theologies*）也开始讨论人类学和神学的对话。2015 年,《美国人类学家》杂志（*American Anthropologist*）有一篇文章讨论了美国牧师葛培理（Billy Graham，1918—2018）。他做过好几任美国总统的牧师，也深受人类学家的影响。

新教背景的人类学家

早期人类学家里很多人都有明显的宗教背景。

在前人类学时期，詹姆斯·考勒斯·普理查德（James Cowles Prichard，1786—1848）开始用人类学家的方法传教，现在一般把他定位成传教士民族学家（evangelical ethnologist）。

另一个人可能在历史上更为重要，即威廉·罗伯逊·史密斯（William Robertson Smith，1846—1894）。他的《闪族的宗教》（*Religion of the Semites*）一书对现代宗教学来讲，几乎是奠基性的作品。因为他第一次用科学的方式去研究闪人的宗教，当然他自己其实是苏格兰自由教会的一个牧师。

莫里斯·林纳赫（Maurice Leenhard，1878—1954）是一位法国的传教士和人类学家，莫斯会引用林纳赫的很多东西。另外，保罗·戈登·希伯特（Paul Gordon Hiebert，1932—2007）也是现代宣教学里面最重要的一个人物。亚历山大·格里高力（Alexander Grigolia，1896—1979）是葛培理的老师，对他产生很多影响。

天主教背景的人类学者

在宗教背景方面，天主教传统对许多人类学家影响很深，尤其是他们的仪式研究。人类学宗教研究的关键就是仪式研究，其中最重要的几个人类学家都具有天主教背景。比如埃文斯-普理查德任职牛津大学人类学系主任之时就是天主教徒。所以他在1944年前后的研究风格发生过大变。道格拉斯也属于同样的情况。另外就是维克多·特纳和伊迪丝·特纳夫妇。

有趣之处在于，为什么天主教背景的人类学家，其影响远远超过新教背景的人类学家呢？这是因为新教神学是以救赎论为中心的，而天主教神学是以创造论和上帝论为中心。新教强调个人的自由意志（free will），与个体主义哲学相关。相对于此，天主教传统中更强调团体（community）。特纳强调的交融（communita），正是来自天主教徒的社团生活以及圣餐。"圣餐"这个词的拉丁文转成英文的话就是communitas，也即通过仪式性的行为达到神秘的相交。

天主教也很强调仪式的神秘性，所以，人类学的宗教研究大受天主教背景的人类学家影响。1959年普理查德对以往人类学的宗教研究的批评促使人们意识到在新教改革以后日益强劲的自然神论的影响，也就是说，越来越强调上帝作为一种原理或原则或推动力的意涵，而日益脱离原本的那种关系性的、互动性的上帝形象。事实上，自然神论最终导向的是不可知论。人们也意识到，新教所代表的宗教改革思想在很大程度上形塑了五百年以来欧洲影响的整个现代社会世界。

回顾萨林斯的发问和对中国"人论"的思考

如前所述，萨林斯在文章《甜蜜的悲哀》里梳理了人类学乃至整个现代西方社会科学的神学根基，他认为我们有没有其他形式的人论。西方现代人类学的根基来自一种"western peculiar anthropology"，所以建立现代人类学的基础也在于另一种"peculiar anthropology"。

从中国的背景来说，我们大概会有一种类似的考量：有没有一种所谓的"Chinese peculiar anthropology"？当然，这个话题就非常大。第一，众说纷纭；第二，这种构建能否称得上一种人类学？或者说现代社会科学意义上的人类学，还是说不过是中国传统哲学的一种的引申？

第一个问题，中国的人论最常见的说法就是"人之初，性本善"。荀子也有性恶论，孟子既不是性恶论也不是性善论，而是白板论。孟母三迁的故事想要说明的是，人的好坏是被教育出来的。还有一个争论，我们的传统是儒家为主，还是法家为实？现在争论仍然很大，有人认为是儒表法里。尤其是再往后，汉代以后佛教的影响力是非常深远的，已经渗透到我们的日常语言里了。很多日常用语是佛教词汇。

除了常常说的三大传统外，可能还有别的更深刻的传统。比如张光直，他认为中国本质性的传统可能是巫史的转变。只是经过汉代董仲舒的努力，这个传统被掩盖掉了。他对中国古代青铜时代的研究试图揭示这一点。李泽厚也曾延续张光直的话题，讨论巫史传统。最近复旦大学的李天纲老师在《金泽》[1]这本书中，试图继承张光直和李泽厚的问题意识。他想要论证，中国真正的宗教其实是所谓的民间信仰，它的巫史传统被正统的叙事掩盖了。在他看来，这个是最本质的中国宗教，他这本书也几乎全部采用人类学的方法。

西方社会科学意义上的人类学，确实具有很深刻的基督教底色，尽管它是在反基督教背景中产生的现代人类学。作为二十一世纪的中国人类学者，我们在当下思考中国传统，一方面不应沦为西方人论的脚注，另一方面也不应该打着文化自信的旗号，有着过高的自我期许。在这个时代当中，我们或许可以有一种思考新人类学的可能，贡献一个复数形态的世界人类学。

---

1 李天纲：《金泽：江南民间祭祀探源》，生活·读书·新知三联书店，2017年。

从"重审"阶序到"重申"阶序[1]

所谓"从'重审'阶序到'重申'阶序",意在强调重审等级社会不是重返等级,而是重新倡导容忍差异的共生路径。

无论是在学术研究还是日常生活中,同一个事实都会因为不同的视角带来迥然不同的观察结果。差异往往意味着另外一种可能性。我们需要学会去倾听别人的声音,展开对话。尽管可能过于理想化,但一种有意义的公共讨论往往离不开对差异的尊重,这也是如今这个时代所缺乏的。

---

1 本文原为 2020 年 5 月 29 日在上海师范大学的讲座稿,感谢邢海燕教授的邀请以及孙攀搁根据录音整理成文。收入本书时略有修改。

一

中国人眼中的世界地图往往以中国为中心，这在某种程度上来源于中国对自身的一个想象：万国来朝，天下的中心。历史地来看，中国的世界地图首先是天主教传教士在明末清初带来中国的，原初版本的世界地图本是以大西洋为中心的。

视角的不同导致相对的事实，对世界的认识在很大程度上源于自身既有的知识体系，同时这一视角也会随着自身与他者之间关系的变化而发生改变。正如两种视角的比较，同时也彰显了两种知识体系的差异。

人类学最根本的观照恰在于此：相对与比较。这使我们意识到自己所持有的视角只是众多视角中的一个。人总是不愿意打碎自己心中原有的一套框架，因为这意味着整个认知体系的崩溃。王柯老师的《从"天下"国家到民族国家》[1]一书认为，鸦片战争真正的痛苦所在，并不是一场战役的输赢，而是认识世界的视角发生了变化。所以，西方的坚船利炮深刻动摇了中国知识分子的想象，最大的问题不在于武力，而是他们意识到，必须承认自身之外存在着更为先进的他者。

1　[日]王柯：《从"天下"国家到民族国家：历史中国的认知与实践》，上海人民出版社，2020年。

人类学的精彩之处就在于，它逼着人们去思考另外一种可能性。过去的欧洲人类学家在遭遇不同人群、不同文化、不同宗教体系和政治经济体系时，正是在面临另一种可能性。除此以外，人类学也教会我们一种相对的意识和比较的视角。

正如"盲人摸象"的寓言所讲，同一个事实有不同的部分。人类学家强调的关键，就在于整体论。我们认识人、世界或宇宙，都是整体论的而不是切割的。波兰尼（Karl Paul Polanyi，1886—1964）强调，即使如经济学这一社会科学的王冠，也是镶嵌于一个更大的社会整体中的。

人类学的整体论是有不同层面的。第一个层面是个体的整体性，侧重个人生命和文化的整体。第二个层面是社会的整体性，即亲属制度、政治、经济、宗教等领域的整体性。还有一个意义上的整体论，就是宇宙意义的整体论。当我们在研究人的时候，是以人为核心来进行研究的。但正如本体论转向所指出的那样，其中相当一部分人尚未意识到其他非人的存在。

第三个层面是人类学意义上的整体性，是指整体并非无差别的统一，这就涉及"阶序"这个概念。我们需要看到整体性的事实，也是多样性（diversity）的事实，或者说，"阶序"性的整体：差异构成了一个整体。今天的 unity 很多时候是指简单无差别的、同质性的东西。以时间为例，现代人的时间观念是均质化的。每一秒、每一分都是没有区别的标准时间单位。相比之下，中国的二十四节气则存在明显的相互区别。农业文明形成了一套特定的时间节奏，其中的一个时间和另一个时间，往往是有区别的。有关纪念碑时间（monument time）的人类学研究，曾反思这些均质化的时间。

罗新老师在《有所不为的反叛者》一书中提醒我们，"历史越是单一、纯粹、清晰，越是危险"。事实上，对人类社会来说，不同才是常态，单一和同质是毁灭的状态。道格拉斯在《洁净与危险》一书中也有相似观点。她在 2002 年反思了自己早年对《旧约圣经》中《利未记》一章的解读，认为自己犯了一个重大错误：不洁之物好像因为是不好的，因此是不洁的。道格拉斯一生受天主教思想影响极深，她是从创造论的角度来理解不洁的有益之处。创造论是说，在创造的秩序当中，没有东西是不好的。所以，不洁也被纳入秩序的一部分。

二

与道格拉斯一样，莫斯的学生杜蒙也强调多元共存的秩序。在牛津大学期间，杜蒙受到了普理查德的影响。一方面，普理查德很强调英国式的人类学田野调查；另一方面，普理查德在中年以后也转向了天主教。

作为普理查德的学生，杜蒙称得上是一个异类。他在学术生涯后期的研究多是在思考法国甚至欧洲的思想冲突议题。他后期的大量作品转向对平等人（Homo Aequalis）、整个近代西方价值观念的研究。早期人类学多研究非欧洲社会，而杜蒙是比较早地意识到法国、德国的思想传统。这也与他自己的生命历程有关。他曾经做过德国的战俘，其间，他白天干活，晚上出去学梵语，这种语言训练使他在战后有机会申请到印度做研究。包括他后来的研究即《德意志意识形态》[1]，关注西方平等人这一现代价值观念，也在很大程度上与个人的经验、痛苦存在关联。事实上，真正想做的研究必定关联着你心灵最深处的感受，甚至带来过一种suffering。

2008 年，加州大学河滨分校宗教史家伊万·斯特伦斯基（Ivan Strenski）写了一本书，叫 *Dumont on Religion*[2]，讨论杜蒙的思想政治。他就杜蒙的重要性列出七个观点：

（1）我们可以通过理解（understanding）他者来了解（learn）自己。杜蒙就是通过研究印度来反思欧洲的。（2）我们不甚了解的东西可能会伤害我们。（3）观念至关重要，尽管杜蒙并未忽视物质文化及其对人类行为的限制，但他时刻提醒我们，思考事物的方式、价值观念及意识形

1　Louis Dumont, *German Ideology: From France to Germany and Back*, Chicago: University of Chicago Press, 1995.

2　Ivan Strenski, *Dumont on Religion: Difference, Comparison, Transgression*, Oxon & New York: Routledge, 2008.

态（无论隐匿与否）会对我们的行动或行为产生重要影响。（4）文化、文明皆为真。我们要像对待个人一般对待不同的文化及文明，将它们视为自有其生命与运行法则的存在。（5）应该将宗教与意识形态视为"同一阶级中的成员"来加以研究。例如，个人主义的意识形态与基督教实际上存在某种关联。（6）不要惧怕违背反对者的信条，面对批评者还是要坚持自己的确信。（7）杜蒙通过研究印度发现，忽视宗教与生活的关联是西方人根深蒂固的一种偏见。为更好地理解其他社会，应当摆脱这种偏见，进而考虑社会文化生活中的宗教因素。

以上七个观点只是对杜蒙的宽泛理解，事实上理解杜蒙的核心在于阶序（hierarchy）这一概念。一般认为，阶序就是等级（rank），但实际上杜蒙对阶序的强调更侧重差异（difference），而且这种差异是包含在一致之内的，即含括对立在内的一种秩序。同时，"阶序"也是他研究"平等人"的关键。在杜蒙看来，印度研究也可以服务于对西方文明社会的研究。正如北大王铭铭老师所倡导的一样，人类学应该并且也能够去处理文明体系的问题。长久以来，人类学家已经习惯于将他们的研究对象和问题关怀放在相对较小的范畴（比如村庄、社区、城市社会、亚文化群体）上，似乎想要揭示一些被我们忽略的东西。杜蒙的研究提醒我们，中国人类学者应当有一种自信：我们要去理解和处理中国这个有文字传统及庞大社会体系的文明体。

"阶序"属于杜蒙早期研究的一个重要贡献。他发现，印度的卡斯特体系（caste）是宗教性的，其核心特征是洁净和不洁的对立。对立（opposite）表现为身份与权力的分离，阶序性的身份是宗教性的；权力，表现为世俗性，从属于宗教。他认为，阶序根本上"不是一串层层相扣的命令，甚至也不是尊严依次降低的一串存有的锁链"，"更不是一棵分类树；而是一种关系，一种可以很适切地称为'把对反（立）含括在内'（the encompassing of the contrary）的关系"[1]。

　　杜蒙概括"阶序"这一概念时有一个典型的例子：《圣经》创世纪里面上帝造人的故事。他认为，这个故事中的男女关系并非简单对立，而是一种相互涵括的关系。男女虽然存在差异，却共享了一套关系原则。今天这个时代经常强调个人权利，但杜蒙和道格拉斯都试图从天主教的传统去反思个人权利和自由的问题。

　　在杜蒙看来，"阶序"类似于慈悲圣母的斗篷，有很多东西被囊括进来，他强调的是对多样性的包容。斯特伦斯基在评论杜蒙时说，"真正的阶序意味着对差异真正的包容"。

---

1 注意，很多时候我们对印度卡斯特体系的误解源于对从刹帝利到婆罗门的四大等级的印象，似乎这就叫等级社会，但杜蒙认为它们的差异是基于特定原则的一种关系。

三

作为一个法国人，杜蒙一方面借着西方来描绘印度阶序社会的功能，另一方面也以印度来"问题化西方"，即通过他者来反观自身。杜蒙由阶序性社会了解平等社会，就是所谓的 Homo Aequalis。

杜蒙一系列研究的成果是三本书。第一本书《从曼德维尔到马克思》，是杜蒙从《蜜蜂的寓言》[1] 开始反思经济人假设的后续。自私、贪婪的人性预设，构成了现代资本主义经济体系发展的思想背景。第二本是批判现代西方社会的文集《论个体主义》[2]，第三本是《德意志意识形态》。

杜蒙比较了阶序社会和平等社会，认为前一种社会中的人是一种社会性的存在，有着被预先给定的价值观，而平等社会中人是万物的准绳。在阶序社会里，人们互相依赖，但在平等社会里，公正依赖于同质性。现代社会，平等这个词需要注意两点：第一，平等（equality）不等于公正（equity），公正（equity）才是真正应当追求的东西。第二，平等（equality）常常被理解为同质（sameness）。

阶序社会里强调人与人的关系，但平等社会里强调人

1　[荷]B. 曼德维尔：《蜜蜂的预言：或私人的恶行，公共的利益》，肖聿译，商务印书馆，2016 年。

2　Louis Dumont, *Essays on Individualism: Modern Ideology in Anthropological Perspective*, Chicago and London: The University of Chicago Press, 1986.

与物的关系，其中产权概念就很重要。阶序社会的优先价值（primacy value）就是阶序，近代社会的关键价值是平等。阶序社会中的价值（value）和事实（fact）是不可分的，而今天的价值和事实是可以分离的。阶序社会的一个基本框架是整体论（holism），而平等社会则是个体主义（individualism）。杜蒙的整体论并不是集体主义，而是一种宰制性的意识形态。受到莫斯的影响，杜蒙设置了整体主义和个体主义在理想型意义上的对立。在此，阶序也包含了个体主义。

在杜蒙看来，印度虽然是整体主义的阶序社会，但它也存在个人主义的遁世修行者。近代西方只是把这两种价值观的优先层次颠倒了过来。

1980年杜蒙的"On Valve, Modern and Nonmodern"一文解释了为什么他要用"valve"这个词。他认为，前现代社会的价值是社会性、整体性的存在。到了近代社会，价值越来越多地附属于个人，故而造成了价值与事实之间的分离。在近代意识形态中，阶序化的宇宙秩序是一种整体性的宇宙秩序（holistic cosmological order），如今这一秩序已经散作平面，所有的观点都是竞争性的，而非涵括性（encompassment）的，这里高阶和低阶不是固定的，而是可以倒置的。他举了祭司和国王的例子，倡导对多元价值的包容。

大家可以看出来，杜蒙的价值意在批判现代性的人观。

他的开端正是对纳粹的反思，他的《极权主义之弊：论希特勒的个人主义与种族优劣论》一文（收入上文提到的《论个体主义》一书）正是讨论这一点。杜蒙深受二战之害，他希望了解平等与极权之间可能的关联。杜蒙注意到，近代社会的"平等"（equality）价值压倒了阶序（hierarchy）价值，发生了价值领域中的变革（revolution），这是一种涉及政治形态、社会形态的整体变革，意味着个人主义的兴起。个人成为价值拥有者，保持独立、自主，本质上是非社会的道德体，甚至国家的出现也不过是一群个人组合的代表而已。在传统社会里，国家的关键词是 universitas，但在现代社会是 societas，也是我们今天所说的 society。知识从整体型变为平面、学科类的知识。

然而，杜蒙在将"平等"视为至高无上的价值之时，便已然暗含了一种阶序（hierarchy）的表达了。他指出，平等（equality）不等同于公正（equity），这也是对德国极权主义的批评和反思。他指出，在以个人主义意识形态为主导的近代西方社会中，极端平等主义往往带来一些无意识的后果，即种族主义和极权主义，这是对"德意志意识形态"的反思。

杜蒙意识到平等主义的一个严重后果，即人不再被认为是分属于阶序格局中存在社会性、文化性的种属，而被认为基本上是平等的。在此前提下，人类社群在性质和地位上的差别，被认为是生理特征造成的，这就是种族主义。当平等的价值在消除了所有差异的文化根源的同时，也将差异最终归结于生理差异。极权主义其实也是这样，"在个人主义根深蒂固且居主导地位的社会中，企图使个人主义从属于这样一种——社会作为一个整体，具有优先性——的观念之下"。

社会作为一个整体的优先性，很多时候会导向国家的优先性。欧洲思想家发现，法国大革命就是把原来的上帝优先转变为国家优先，上帝的神圣性被国家的神圣性所取代，民族国家变成新的神圣对象。杜蒙通过反思以德国为代表的极权主义悲剧指出，"对有些事而言，平等可以办到，有些事，是平等办不到的"。他的反思意在说明，追求极致平等的路上，equality 与 sameness 相互等同，这也把差异给抹杀了，反而带来了始料未及的后果。

杜蒙并不是想让现代人回到古代，而是希望在倡导个人主义的同时，注重整体关系。阶序理论就是强调对差异和多样性的包容。在这个意义上，杜蒙是一位强调文化多元性和文化差异的普世主义者，其所关心的也不仅仅是西方，乃是整个人类。

斯特伦斯基曾用一句法语来向杜蒙致敬：Vive la différence，即"差异长存"。这样的例子在生物界和自然界是比较常见的，例如云南当地为了种香蕉和橡胶，把原来的雨林和植被整个处理掉，虽然短时间内带来了非常高的经济价值，但是对生态系统的破坏也是非常严重的。这也是为什么今天生物学界重新强调 resilience 即弹韧性的原因。无论是生态系统，还是社会文化，都需要系统上的弹韧性，这就来源于丰富的多样性。越单一的体系，在面临重大变化的时候，它的限度和能力就越小。换句话说，如果我们不能学会尊崇和理解差异，容忍共生共存，单一和同质就是毁灭的状态。

总体而言，杜蒙给予我们这样的启发：现代世界的吊诡之处在于，人人平等似乎已然成为一个不言自明的"最高价值（paramount value），然而现实却与这个理想图景相去甚远。事实上，在杜蒙看来，这种抹杀个人差异和丰富性的简单无差别之主张，正是诸多现代灾难和悲剧的思想源头之一。无论是对种族／民族意义上的纯洁性，还是宗教／信仰上的纯洁性，抑或是历史或文化意义上的纯洁性的主张甚至暴力的推行，所沿用的逻辑都是类同的：无法容忍任何差异的存在，完全拒绝不同的声音和主张。

这个时代或许有必要重新审视杜蒙所讨论之"阶序"的意义，在追求简单一致的现代世界和众声喧哗的后现代处境中寻找一种共生共存的可能"秩序"。

文明的包含性阶序及其现代转化 [1]

近读龚浩群教授新著《佛与他者》，虽然其中一些篇章及部分观点之前已经有所了解和交流，但整体读下来之后，还是有一些感受或许可以作为阅读体会于此分享。

从其博士论文研究开始，龚教授即持续多年在泰国研究上深耕，成绩斐然。与其上一部著作《信徒与公民》[2] 相比，这部作品无论在对泰国政治社会，还是对泰国佛教，抑或对人类学的理论自觉和反思方面，都有了相当大的提升和

1　本文原为龚浩群所著《佛与他者》（社会科学文献出版社，2019）序言。收入本书时略有修改。

2　龚浩群：《信徒与公民：泰国曲乡的政治民族志》，北京大学出版社，2009 年。

发展。

按我对龚教授的了解以及我的阅读体验，这本书大概仍然首先是一部政治人类学作品，其问题意识正如同《信徒与公民》的副标题"泰国曲乡的政治民族志"所凸显的那样。因此，"传统"与现代、公民与信徒、政治与社会、王国与国王等关键词和基本张力反复出现。然而，在我看来，较前作来说，这部作品有了更强烈的宗教人类学味道，对佛教，特别是作为泰国佛教主流之他者的佛教现代改革派、丛林僧人以及城市中产阶级的新式宗教实践，投入了相当的关注和笔墨。作者对泰国佛教的理解更为深入，讨论也更为主动和自觉。

这部作品也是区域研究的成果，而区域研究正是当下中国人类学亟须重点发展的方向。实际上，泰国虽是中国人类学的主要关注对象，但研究它往往会涉及更广泛的东南亚问题。而所谓东南亚，不仅在地理空间上位于中华文明和印度文明的双向挤压之下，在近代以来还不可避免地卷入了西欧文明的因素。因此，对一个地理区域的理解也就不可避免的还要加上一个时间或历史的维度。也正是因为这样，尽管该书重点讨论的是"当代"以及"现代"处境下的泰国及其佛教，却不得不多次回应到所谓前现代的历史场景中，尽管有些时候"前现代"被转化为地理上的边缘或丛林，以及文化意义上的"传统"。

最终，作为人类学家，作者的学科训练和理论意识不仅体现于正文部分，还特意附录了一篇论文，试图专门处理人类学作为一个学科，特别是中国人类学作为一门现代社会科学的问题。可以说，这部作品的不同篇章与我的一个主张不谋而合，即理想的宗教或政治人类学研究，既能对宗教或政治议题有深度的讨论，同时也要增加对某一特定区域的认识，或至少参与到关于该地区的不同方面的探讨（或者说，甚至本身应当在区域认识的基础上做相关的讨论），并仍然能保持人类学作为一个学科的理论关怀，也就是相对丰富地对普遍意义上的人有所理解。

"他者"无疑是这部作品的一个关键概念，但与通常理解的"异邦"甚至是想象的异邦完全不同的是，作者试图处理和提取的是这样一个理论性的概念：民族国家的内部他者。在"佛与他者：现代泰国的文明国家与信仰阶序的建构"部分的结论中，作者明确提出："现代泰国的佛与他者的关系展示出文明的阶序性特点……而佛教的文明化是现代暹罗文明进程中的重要一环。通过这一历程，我们可以说，没有他者，就没有文明的显现。"在我看来，这是这部作品中特别精彩的几个地方之一。

龚教授明确承认自己的这一观点直接受惠于杜蒙基于印度种姓制度研究的阶序理论。正如印度裔美国人类学家阿帕杜莱（Arjun Appadurai）的评论所指出的那样，一方面不能简单将印度社会的本质归结为"阶序"，同时又说明阶序并非印度所独有，而是存在很多类似的阶序社会。换言之，龚浩群认为，阶序作为一个分析性概念有可能适用于讨论印度之外的东南亚社会。如果更大胆一些，或许我们还可以说，这个概念事实上也大可作为研究中国，特别是其"南亚性"或西南地区的参考。不仅如此，我们在美国人类学家司徒安（Anglea Zito）关于乾隆时期书写与政治的研究中惊讶地看到一些有关内部包含的阶序结构与之有非常类似的论述，有意者不妨参阅《身体与笔》[1]。

　　尽管龚教授没有明确这么表述，但她似乎将文明的阶序主要理解为现代佛教的一种较为成功的策略。但"他者无存，文明不再"这个概念或许不仅可以用于处理佛教及泰国社会的"现代化过程"等问题的讨论上，在其他问题的讨论和解决上甚至有更大的理论解释范围或可能性，即作为整个人类社会的一种理解方式，即使这肯定不是唯一的方式。事实上，杜蒙自己的后期研究关注就从印度转回到了自己所处的欧洲社会及其思想体系，在"阶序人"之后继续探讨"平等人"概念。除了已有中文译本的《论个体主义》，还需要留意另外一本尚无中译本的作品《从曼德维尔到马克思》（*From Mandeville to Marx*）。进言之，杜蒙试图探讨的不仅是作为欧洲参照或镜像的印度社会"阶序"，还是作为一种宇宙观的"阶序人"；不仅是现代社会主导价值之一的"平

1　［美］司徒安：《身体与笔：18 世纪中国作为文本／表演的大祀》，李晋译，北京大学出版社，2014 年。

等"，还是作为一种生存状态和方式的"平等人"。

必须声明的是，这不是在为等级社会或文化／文明的等级关系辩护，更多的可以理解为是对文化多样性（cultural diversity）的声张，也就是龚教授一直重复在使用的一个关键词：包容性。当把本来丰富多样的文明处理为一个匀质的平面的时候，看似构建了一种"平等"、无差别的理想社会形态，但同时却也意味着对差异性的否定，进而要求推行某种简单一致性的政治或文化主张。一旦这一主张受到阻力时，几乎没有例外地会出现这种情况：无论是显性的激烈冲突，还是隐性的消极抵抗，都会出现互相敌视、彼此污名化的局面。而且，无论是推行方还是抵抗者都极容易走向某种形式的基要主义者（fundamentalist）。文化多样性的关键并非简单主张"不同"，特别是当今世界泛滥成灾的身份政治环境中；更应当在强调"不同"的同时，把目光多放在"共生"上。

还需要略微说明的是，这种对于文化多样性的主张并不等于作为一种政治意识形态的文化多元主义（multi-culturalism）。在很大程度上来说，后者早已沦为一种政治正确，成为一种身份政治的表述手段。在近期的国际政治社会的现实中，就算不能说其已经完全破产，也早已是千疮百孔，遗留下了众多历史难题。

在该书的最后两章，作者将注意力转到了"佛与自我"，亦即现代城市中产阶级的修行实践及其社会脉络的逻辑。"修行"一词当然能引发我很多的共鸣，这也是近几年来勠力参与的一个研究方向，因此阅读起来更为投入和享受。龚教授给我们提供了一个细致入微的精彩个案，告诉我们泰国都市社会中的修行者一方面以一种相当个体化的方式实践他们"在当下涅槃"的信念，另一方面也一直试图处理好个体生命的完善与社会公平的实现之间的契合。

换言之，寻求个体化与渴望群体生活是同时在发生的过程，或者说是一个看似朝着不同方向发展、充满张力，但却是一个彼此不可简单拆解的整体过程。

正如列维—斯特劳斯在《忧郁的热带》中为我们呈现的那样，虽然他是在说巴西，但无时无刻不在想着法兰西。我在阅读这部书稿时也可以很强烈地感受到研究者隐藏而又无时不在的"中国问题意识"。"比较的幽灵"虽不是直接可见，但却深入骨髓。其中或许可以直接并置讨论的就是中国佛教的现代化问题，特别是人间佛教的话题。当然，进一步，我们还可以看到泰国与中国在近现代的"遭遇西方"这一个共同议题上的相似性，因此所涉及的显然就不仅是如今狭义上的佛教或宗教的问题，还包括公民与人民、国家与社会、"山林"与庙堂等等问题。

尽管我已在多处评论过"冲击—回应"模式对理解中国以及相近国家的现代命运的局限性，但我还是要再次强调这个模式本身的合理性和仍然延续的强大解释力。简单套用这个模式显然过于单调，但一个基本事实不容忽视甚至无视，也就是在过去的几百年中，一个强大的"西方"之临近或入侵对拥有古老文明体系的"东方"所产生的巨大的压迫感和实际上的冲击。然而，我也要再次强调，如果我们只是将眼光限制于这个历史遭遇及其之后，将影响我们对更长历史时段的理解以及对我们自己所处文明的更深认识。

这也是我在前面提及的那个期待，或许，在细致梳理其现代遭遇、社会脉络、转化机制及其结果的基础上，对文明的包含性阶序的讨论，可以尝试回归到更长的历史时段进行，从而试图探讨其作为一种超越某一具体时空的文化结构甚至宇宙观的可能性。

龚教授对这一问题的处理方式令人印象深刻。她指出，自十九世纪中叶以来泰国从传统的佛教王国向现代民族国家的转变过程就是一个不断寻求文明化的过程。佛教则是现代泰国创造自身文明性的重要领域，其文明化过程同时在国家（政体）、社会与个人三个层面展开。如此一来，"文明化"成为描述这一历史、社会、文化过程的总体性概念，充分展示了这一过程的复杂性和层次性，而并不是一种简单的历史因果或单一要素的决定论。

同时，这样的写作也避免了两种常见的问题：或执着于结构性分析而遮蔽和掩盖了活生生的个人的那种冷冰冰的陷阱，或失落于碎片化的个体生活和鸡零狗碎的文化事项而无力处理和回应更大的政治、社会议题的温吞吞的泥潭。在冷静的理论分析的高度，同时还有具体的真实的个人的温度，龚教授给我们烹制了一桌大菜，有营养，也有口感，值得慢慢享用和回味。

代跋　在一个残缺的世界找回痛感 [1]

风险社会被认为是理解现代社会的一个关键特征，过去两年多的新冠疫情全球大流行无疑给这个论断提供了海量的论据。对很多人来说，这场瘟疫之所以被认为是一场巨大灾难，不仅因为它带来了病痛、死亡和与之相关的恐惧，还在于它打乱了人们的生活节奏和秩序，而这些都淋漓尽致地展现了现代社会的不确定性。

对人类学研究来说，风险不仅是一个现代性问题或一个可测量的客观事实，也体现了人类对风险感知的长期需要。在玛丽·道格拉斯看来，风险的存在和感知在根本上是人类

1　本文原载《信睿周报》第 80 期（2022 年 8 月 15 日）。收入本书时略有修改。

的问题，风险不仅是一种外在的客观实存，更是一种内在的主观感知，并在很大程度上来源于个人对整全状态或正当秩序的类别性理解，而这种理解往往源于某些刻板的先入之见。从风险的主观性向度出发来看今天这个充斥着病痛和恐惧的时代，我觉得有必要澄清这样一个事实：我们都是生活在残缺世界中的残缺个体。

当下的医学研究已注意到，整全与残缺之间并非界限分明，个体和世界的整全状态本身就难以企及。残缺和痛苦不仅是切实存在的，更是需要被感知和理解的。然而当下的我们已在很大程度上失去了感知和理解外界苦痛的能力，变得麻木了。因此，理解个体和世界的残缺，关键在于找回痛感。同样，只有尝试去感知和理解他者的苦难和痛感，人类学才有可能真正回应这一时代乃至所有世代的根本问题，做出有知识冲击力、有价值的研究。

作为普通人，我认为找回痛感是必要的。痛感的消失不是说人们没有痛苦了，恰恰相反，它意味着越来越多的个人或者地方性的痛苦无法被外面的世界所理解，无法被准确、清晰地传导和感知。

比如，在很多文化中，麻风病曾被视为最恐怖的病痛，除了传染性，这种病最为恐怖的一点在于，会让人在麻木当中失去身体的一部分（感染者的皮肤、肌肉、骨骼会慢慢失去感觉，病情达到一定程度，手指甚至可能脱落），甚至是全部的生命。这意味着，身体的消失可能是毫无征兆和感觉的，人的苦难失去了被感知的可能。更可怕的是，人们对麻风病患者身体痛苦的忽略甚至遮蔽，造成了一种更加深刻的无助感。

不仅是麻风病，对他者任何身心苦难的忽略，都会带来更糟糕的结果：个体因为愈发孤立的境况而无法言说自身的苦痛。这种无法言说的痛苦才是最为深刻的，因为它意味着个人不仅面临着诸多苦难，而且这种个体性的痛苦还是被这个世界忽略甚至遮蔽的——这种忽略和遮蔽本身是一种对苦难者更深层的伤害。因此，只有找回痛感，我们才能更加清晰、准确地体察他者的痛苦，并且令人欣慰的是，通过此种努力，我们也将得以摆脱那些无法言说之痛，在同他人的联结中得到更多理解。

作为学者，我认为也需要找回痛感。其意义在于，重新定位研究者的深度关怀，努力思索和寻找你真正关心和在意的问题，而不是为成为某些话语的附属物，为论证已有的结论或仅仅回应某个学术团体的问题。一个重要的研究问题应该源于这个世界对你内心深处的触动，你想要去理解和感知这个世界面临的问题和苦难，想要通过更加准确、清晰地传导这个世界的残缺之处，为人们理解和感知他者带来更多可期的联结。

找回痛感，找回你对这个世界的关怀和期待，这才是一个学者应有的问题意识。

当下世界的痛感：焦虑、恐惧与倦怠

那么，今天这个残缺的世界又有哪些痛苦需要被感知和理解呢？

如果说"9·11"事件对二十年前的欧美世界影响深远，那么2020年初暴发的新冠肺炎疫情对今天的全球而言更是如此。它给我们带来的首先是COVID-19病毒，它会对人类的身体造成冲击，加速基础疾病的暴发。这个病毒极强的传染性和致病能力使我们活在极大的焦虑和恐惧之中。除了疾病本身，还有死亡的可能，尽管病毒的致死率并不高，但人们仍会感受到巨大的恐惧和不确定性，这些都加深了我们对于风险社会的判断和认识。

如果说风险社会是社会学家关于现代社会的精彩判断，那么人类学家为风险社会或者现代性问题做出的贡献或许在于提出了：疫情不仅带来了疾病和死亡，更重要的是，还带来了对疾病和死亡的恐惧，一种巨大的不确定性。这正是现代风险社会的一个基本特征。

不确定性不仅涉及对疾病和死亡的恐惧，还关乎时间悬置（temporality）的感受。对密切接触者的7天、14天或21天隔离政策，打乱了很多人的时间安排，任何计划都变得非常脆弱。很多人都喜欢确定和稳定的生活，一旦计划被打乱，种种时间安排和规划就会被悬置，这会给人带来不安。除了不安，时间悬置还会破坏我们对于时间意义的确定感。

若对自己两年之前与近两年的记忆做一个比较，很多人会发现一件很有意思的事：两年之前的记忆很可能要比这两年间的记忆更加深刻和清晰。现代人可能习惯于把时间看作是匀质、等分的：一天 24 小时，一周 7 天，一年 365 天。事实上，时间在很多时候都被赋予了不同的意义深度，而一种混乱和模糊的记忆往往意味着意义的确定性和深度的散失。记忆的差异告诉我们，疫情不仅打乱了我们的安排，也使我们丧失了诸多关乎生活的体验和意义感。

无论是疾病、死亡以及与之相关的恐惧，还是时间悬置带来的不安和意义散失，残缺的世界必然带来残缺的状态和苦难的蔓延。世界的残缺从来如此，昨天如此，今天如此，明天大概还是如此。《信睿周报》曾刊发过一篇对美国弗吉尼亚理工大学人文学院副教授阿什利·修（Ashley Shew）的专访[1]。修是一位身体有残障的哲学家，她在访谈中说过这样一句话："我们的未来，很可能就是一个'残疾'的未来。这是我们需要认识、需要接受的。"我深受触动。

无论是小说、电影，还是诗歌类的文学作品，在种种形式的乌托邦当中，我们的未来都被想象成一个没有残缺的、完美的未来。就算过去不完美、现在不完美，未来也能够完美。修的这句话的动人之处在于：或许那个没有残疾的未来

1　李子：《我们的未来很可能是一个"残疾"的未来：对话弗吉尼亚理工大学阿什利·修教授》，《信睿周报》第 61 期（2021 年 11 月 1 日）。

永远不会到来。我们以为所有的行动，无论是科技的、社会的还是政治的，都会朝着一个预定的目标前进。事实上，这些朝向理想的努力如果不能经受现实的质询，即使出于高尚的目的，贸然前行也可能造成灾难性的后果。而现实往往告诉我们：至善至美的整全，难以达至。我们需要习惯和苦难同行，因为世界和我们都不可避免地保持着残缺。

从人类学的角度来看，残缺不是一个纯粹的病理学问题，它涉及生物属性之外的文化、社会等方面。我们并不完全是身体或逻辑意义上的残缺，而是社会和文化意义上的残缺。例如我们在过去两年多和现在正在经历的，非常直接、深刻的恐惧与焦虑。恐惧与焦虑本身表明你有所虑、有所惧，表明你是有感知的人。虽然有人可能会告诉你，这是错误的感觉，但这种感觉本身表明：你作为人，是切实存在的生命事实。正如前文所说，恐惧和焦虑还不可怕，可怕的是无所感，没有痛感——麻木。可事实上，麻木还不是最棘手的，最棘手的是倦怠（acedia）。

倦怠代表了一种绝望的状态：对任何事物都提不起兴趣，对任何事物都漠不关心，任由自己的生命缓慢地或者快速地结束。倦怠最大的特点在于没有盼望，最极端的倦怠会让人对任何事物都丧失兴趣，就像"低欲望社会"一样，所有感官愉悦活动都不再能够激发你的兴趣，不愿意去爬山、看电影，甚至谈恋爱。倦怠意味着，我们什么都不做，也什么都不想做，没有能力也没有欲望——我想这是今天很多人面临的问题。

人类学议题如何理解人的残缺与痛感？

在今天这样一个时代，人类学的视角让我们认识到那些生物性之外的痛感——恐惧、焦虑，甚至倦怠。除此以外，人类学议题还能为我们理解人本身提供什么呢？我认为包括两个方面：一是重新聚焦个人与身体，二是将人置入更大的场景。

第一个方面是过去三四十年医学人类学做出的贡献，尤其是对人和身体的重新审视。早期的医学人类学主要研究社会学的问题，关注权力、公正这些结构性的问题，后期则更多地去处理一些更深刻的关于人的问题，尤其注意到身体（包括精神）的残缺并不能否认或减少人的性质。在生物功能上，患病者和一个相对健康的人当然不能同日而语，但在作为人的性质的意义上并无不同。当然，仅仅聚焦身体的残缺还不够，这就涉及第二个方面，即将人置于更大的场景当中来理解。

我们要贯彻整体性的人，就要把人放到更大的、更具体的场景中去理解，而不是把人视为一些抽象的概念。我们首先要在人与人的关系中去理解人。以荷兰人类学家安玛莉·摩尔（Annemarie Mol）的《照护的逻辑》[1]一书为例，当她在讲照护逻辑（logical care）时，主要的批评对象是选择逻辑（logical choice）。选择逻辑认为个体是自主和先在的，这也是过去五百年来欧美传统当中对人的基本理解：人是能做选择的人。所谓的自由（freedom）就是指 free to make choices（自由选择）。摩尔在对思想史的反思中主张照护逻辑，其中 care 指关系，它要求把人理解成在关系中的人，而不是可以自觉、自主做选择和决定的个人。

除了对人和人关系的理解，今天我们对物和非人、对"山水"的研究，都是在试图超越一个局限性的人观。英国人类学家乔伊·罗宾斯曾发表过一篇题为《超越受苦主体：朝向一种关于良善的人类学》[2]的文章。他认为，人类学在很长一段时间内只关注黑暗的方面，通过"黑暗人类学"（dark anthropology）的激情来推进研究，但现在应该更多去关注"美好生活"。

其实罗宾斯想强调，人是在关系中的人，存在一种美好和良善的关系。并且，这种关系不仅仅存在于人与人的联结上，还存在于更广阔的宇宙意义上，是一种人与人、人与物、

1　［荷］安玛莉·摩尔：《照护的逻辑：比赋予病患选择更重要的事》，吴嘉苓等译，新北：左岸文化，2018 年。

2　Joel Robbins, "Beyond the Suffering Subject: Toward an Anthropology of the Good," *The Journal of the Royal Anthropological Institute*, Vol. 19, No. 3 (September 2013), pp. 447−462.

人与非人、人与山水、人与宇宙的美好关系。

我想，人类学议题的这两个方面能够帮助我们在生活中、研究中更好地找回这个时代的痛感。墨西哥诗人奥克塔维奥·帕斯（Octavio Paz）有一首诗，我曾经和孩子一起读过，叫《诗人的墓志铭》[1]。他写道："他要歌唱，为了忘却真实生活的虚伪，为了记住虚伪生活的真实。"好精彩！

我们每个人至少都可以记录这个世界的苦难和痛苦，只要能够真诚地面对自己的写作，真诚地去与他人分享，我们就能够找回这个倦怠世界中的痛感，在感知和理解、探索和分享的过程中消除自身的苦痛和倦怠，重新找到生命的温度和力量。

如何寻找痛感：体验、附近和真实

作为学者，我们应当如何以研究来面对这个充斥着倦怠和缺乏痛感的时代呢？

第一，学者也是活生生的人，所有研究的展开都离不开自己的生活，只要是能够带给你痛感的研究，就是一项有意义的研究——或许不能保证这是一个好的研究，但它至少是有意义的。而对痛感的追寻，需要你去不断地提问：我真

1　［墨西哥］奥克塔维奥·帕斯：《诗人的墓志铭》，载《帕斯选集》（上），
　　赵振江等编译，作家出版社，2006 年。

正关心的是什么？今天我们很多时候过于强调一种知识层面的经验（Erfahrung），一种外部的、自然科学式的经验。但我认为，今天的人类学可以更多地去强调一种内在的体验（Erlebnis）。

你到底"经历了什么"，这是德国思想家威廉·狄尔泰（Wilhelm Dilthey，1833—1911）以来的传统，即对主观内在感受的强调。体验，而非经验，是我们这个时代所缺乏的。英国人类学家维克托·特纳（Victor Witter Turner，1920—1983）去世后，他生前的合作者爱德华·布鲁纳（Edward M. Bruner，1924—2020）帮他编了一本叫《体验的人类学》[1]的书。在这本书的前言中，有这样一句话："'体验'指的不仅仅是感官数据、认知，也包括了感觉与期待。"一个好的研究除了要有 logos（逻辑），还应当有 pathos（情感）和 ethos（性情）。尽管今天的学术文本都是旁征博引，但并不能给你带来任何共鸣。为什么？就是因为缺乏性情以及情感。

正如项飙所说，"把自己作为方法"[2]。如果说人类学和其他任何学科，尤其是与姊妹学科社会学相比，还存在某些特

1　Victor W. Turner and Edward M. Bruner eds., *The Anthropology of Experience*, With an Epilogue by Clifford Geertz, Urbana and Chicago: University of Illinois Press, 1986.

2　项飙、吴琦：《把自己作为方法：与项飙谈话》，上海文艺出版社，2020年，第 247 页。

别之处，那就在于我们的根本方法是自己。你要把自己的感知和经历用语言传达出来，以自己的感知切入世界。长久以来，人类学过多强调对语言或文字的研究，而常常忘记更加重要的信息在文字之外，是声音、光线、气味、姿态，而未必是语言的和逻辑的。我们要从自己全方位的感知出发，去关注更加具体的人，而不是作为类别的人类。

海子说："今夜我不关心人类，我只想你。"这也是我对人类学研究方法的理解：首先要去接近、触摸、感知一个或者一群具体的人，关注他们的哀哭、叹息和痛苦。通过真实的接触，可以达致对整体人群的感知。

第二，我们的研究应当从身边的生活开始，而不是想象中的远方世界。海子还有一句有名的诗："从明天起，做一个幸福的人／喂马、劈柴，周游世界／从明天起，关心粮食和蔬菜。"现在的我们每天都在讨论什么呢？伊拉克问题、伊朗问题、阿富汗问题，甚至美国大选问题。并不是说，这些事情我们不应当关注。我想说的是，人类学的问题意识首先应当来自身边的生活，即使是对海外或者域外的研究，也是为了更好地理解自己身边的生活。通过理解一种不同的生活样式，我们至少能够意识到生活逻辑的另一种可能性，从而避免对自身文化、生活的习焉不察或麻木。

第三，我们的研究应当讨论真实的问题，而不是抽象的概念。我们的研究至少应该是一门真学问。我们可以发展或者讨论一些抽象的概念，以更好地理解现实世界，可是如果我们的经验现实被这些概念所局限的话，就本末倒置了。理论是拿来使用的，概念是用来帮助我们理解现实的，而不应成为研究和思索的限制甚至桎梏。我们的目标不是概念，而是理解和回应生活中的问题。

而在疫情之下，最大的问题不是恐惧和焦虑，而是彻底的倦怠，对自己、对人类、对未来、对所有都不再关心。"压伤的芦苇，它不折断；将残的灯火，它不熄灭；它终必使正义得胜。"既然我们和世界都不可避免地残缺，又何必为暂时的苦难而困扰呢？我们仍要对世界保持期待：总会有一条出路。在这个残缺的世界中，我们要保持尊严地过活。因为只要活着，就还能够感知，只要还有痛感，就至少还是一个真实的人。做一个真实的人，一个有勇气诚实面对自己感受的研究者，去诚实处理你觉得重要的问题，去分享和讨论你的感受。

生活并不美丽，我们身处的世界充满了痛苦，但在《美丽人生》这部电影里我们可以看到，当纳粹以公正、纯洁的名义清理犹太人时，作为犹太人的男主依然努力为自己的孩子保留一份对美好生活的想象。我想，这部电影是想告诉我们：即使在如此残缺的世界中，我们仍要相信，生活不只有苦难。

附记：

在很大程度上，收入这本书的文字都可以说是我在找回痛感的努力，或者说是对我的疼痛的某种记录，只不过相当部分的文字限于文体，在表达上尽量克制，其中还有不少显得过于书面或学术的语句。回头看这些横跨近二十年的文字，除了看到不同时期对于不同问题的涉及，算是一种个人性的历史记录，也可以看到一些从根本上来说一直没有改变的持续关注：真实的个人在具体的场景中的遭遇和回应。

这些文字并不令人满意，但让我自己略感欣慰的是，尽管时有沮丧、乏力以及深深的失望（尤其是对自己的失望），我至少还没有麻木。有时候，剧烈的疼痛从四面八方袭来，从自己的内心深处展开。这种痛感令人难受，令人愤怒，可是它让我清晰地感受到自己仍然活着，也让我意识到在愤怒之外还需有温柔的坚持，在微弱处得以有力量，在干旱疲乏之地，盼望之光不灭。

感谢陈卓兄数年来的鼓励和陪伴，这部书稿从最初的想法到现在的模样都与他有莫大的关系。这部书稿也随着他辗转了不同的出版机构，其命运如同这个充满不确定性的风险时代，本身就是一个值得书写和纪念的故事。幸甚的是，在不同的节点，特别是在我困顿的时刻，总有师友们用多种方式给我支持。这些年来，学生们也给了我很多的安慰和帮助，或者是参与整理讲稿，或者是后期提供修改意见。

正是这些活生生的与我有着各种关联的人时时提醒我，

我并不是宇宙中的一个孤独旅行者；尽管有种种不堪，人间仍是值得的。然而，看到世界的残缺和自己的残缺，也就更为强烈地意识到我实在不过是寄居者，是客旅，那最好的仍然值得等待。

图书在版编目（CIP）数据

穿行，在一个残缺的世界 / 黄剑波著 . -- 广州：

广东人民出版社，2025.9. -- ISBN 978-7-218-18716-7

I. Q98-53

中国国家版本馆 CIP 数据核字第 20256S04N3 号

CHUANXING, ZAI YIGE CANQUE DE SHIJIE

穿行，在一个残缺的世界

黄剑波 著

出 版 人：肖风华

策划编辑：陈 卓
责任编辑：钱飞遥 陈 卓
特约编辑：听 桥
封面设计：周伟伟
责任技编：吴彦斌

出版发行：广东人民出版社
地　　址：广州市越秀区大沙头四马路 10 号（邮政编码：510199）
电　　话：（020）85716809（总编室）
传　　真：（020）83289585
网　　址：https://www.gdpph.com
印　　刷：北京雅图新世纪印刷科技有限公司
开　　本：889 毫米 × 1194 毫米　1/32
印　　张：11.125　字　数：230 千
版　　次：2025 年 9 月第 1 版
印　　次：2025 年 9 月第 1 次印刷
定　　价：78.00 元

如发现印装质量问题，影响阅读，请与出版社（020-87712513）联系调换。
售书热线：（020）87717307